渔船动力装置的低碳优化设计

任莉 著

中国水利水电出版社
www.waterpub.com.cn
·北京·

内 容 提 要

本书从低碳经济的角度出发，基于全生命周期理论，构建了低碳型渔船动力装置多智能体协调优化体系。基于渔船的能源消耗特性和营运成本，引入新能源和混合能源，优化渔船动力装置的用能结构；根据渔船的船机桨网配合原理，选择最佳设计工况和设计匹配点，合理选择船机桨网的特性参数，建立渔船的船机桨网工况和匹配优化方法；基于能量分析方法，探讨渔船动力装置的余热利用系统，并在此基础上优化氨水吸收式余热制冷系统；同时考虑机舱布置和管路布局优化，以低碳和低成本为目标，基于多智能体技术，构建渔船动力装置精细化设计和系统布局的协同优化方法。

本书适合从事渔船动力装置领域研究的学者、相关专业的本科生及研究生阅读，也可供相关企业参考。

图书在版编目（CIP）数据

渔船动力装置的低碳优化设计 / 任莉著. -- 北京 : 中国水利水电出版社, 2022.9
ISBN 978-7-5226-0924-9

Ⅰ. ①渔… Ⅱ. ①任… Ⅲ. ①渔船－动力装置－节能－最优设计 Ⅳ. ①U674.4

中国版本图书馆CIP数据核字(2022)第153163号

书　　名	**渔船动力装置的低碳优化设计** YUCHUAN DONGLI ZHUANGZHI DE DITAN YOUHUA SHEJI
作　　者	任莉 著
出版发行	中国水利水电出版社 (北京市海淀区玉渊潭南路1号D座 100038) 网址：www.waterpub.com.cn E-mail：sales@mwr.gov.cn 电话：(010) 68545888 (营销中心)
经　　售	北京科水图书销售有限公司 电话：(010) 68545874、63202643 全国各地新华书店和相关出版物销售网点
排　　版	中国水利水电出版社微机排版中心
印　　刷	清淞永业（天津）印刷有限公司
规　　格	170mm×240mm 16开本 9.25印张 156千字
版　　次	2022年9月第1版 2022年9月第1次印刷
印　　数	001—800册
定　　价	**56.00**元

前言

从世界渔业发展历程来看，由沿岸到近海（包括外海海域）再到远洋，是海洋渔业发展的规律性进程，也是海洋渔业发展的必然趋势。1985 年，我国首次派出 13 艘渔船赴西非海域从事捕捞生产。目前，我国远洋捕捞船队已经分布在世界 30 多个国家专属经济区以及印度洋、大西洋、太平洋等大洋公海海域，跻身于世界主要远洋国家行列。但是，我国现有渔船的船龄普遍偏高，渔船装备以国外的二手船和设备为主，渔船建造的规范性差，主机配置、船桨匹配的差异性大，无法满足未来远洋渔船装备的大型化、自动化、信息化以及高效节能、安全环保的发展趋势要求。

世界各国致力于发展低碳经济，从 1997 年日本的《京都议定书》不包括海运、航空和运输业，到 2008 年 3 月联合国气候变化谈判最终决定将海运、航空和运输业纳入温室气体减排目标。2009 年 7 月 13 日，国际海事组织第 59 届海洋环境保护委员会上通过了关于新船的能效设计指数提案。2010 年 9 月，国际海事组织则批准了关于新船能效设计指数和船舶能效管理方案的国际防止船舶造成污染公约附则Ⅵ的修正草案。在此基础上，2015 年 4 月，碳税、碳交易机制开始逐步建立，旨在通过强制性手段约束海运船舶的碳排放。

本书重点关注渔船动力装置的低碳节能优化问题，分别探讨了渔船动力装置的用能结构优化、船机桨网的工况与匹配优化以及余热制冷系统优化，并且研究了渔船的机舱布置优化和管路布局优化，在此基础上，以低碳和低成本为目标，基于多智能体技术，实现渔船动力装置精细化设计与系统布局的协同优化。

本书的撰写得到了大连海洋大学研究生李红霞，以及本科生陈长明、付小斌等同学的帮助，也参考和借鉴了许多国内外专家的研究成果，在此表示衷心的感谢！

本书得到国家自然基金（No：51109023，No：51709037，No：51779033）的资助，特此致谢！

受编者水平所限，本书难免有错误或不当之处，敬请读者批评指正。

著者

2022 年 6 月

目录

第 1 章 渔船动力装置的用能结构优化

渔船是一种长期在海上进行生产和作业的船舶，外界环境艰险，航行工况多变，除了正常航行之外，还要捕捞生产、对鱼类进行冷藏加工等。按照推进装置的类型进行分类，现代海洋船舶动力装置分为蒸汽动力装置、燃气轮机动力装置、核动力装置、柴油机动力装置和联合动力装置等。蒸汽动力装置最早应用于海洋船舶，以锅炉产生的蒸汽为工质，推动叶轮做功，由于经济性差、体积和重量大，基本上被其他发动机取代；燃气轮机动力装置利用燃料在燃烧室内燃烧，所产生的燃气直接驱动叶轮做功，在水面舰船上得到广泛应用；核动力装置利用原子核的裂变反应所产生的巨大能量，通过蒸汽或燃气推动汽轮机或燃气轮机工作，仅应用于潜艇和航母等大型水面舰艇；柴油机动力装置由于热效率高、经济性好、维护管理方便等优点，无论货船、渔船和工程船都主要采用柴油机动力装置。

新型能源以风能、太阳能、核能、生物质能和海洋能等为典型代表，在节能减排方面具有的独特优势和所能产生的效益已经越来越显著[1-3]。风能应用于船舶方面，我国五千多年前就开始使用风帆船，现代则诞生了“风帆助航船舶”。国外先后建造的风帆船主要有日本的“新爱德丸”、法国的船用涡轮帆、德国的“白鲸天帆号”和英国的仿生帆等。在太阳能光伏发电应用于船舶方面，瑞士、澳大利亚、日本和中国等先后建造并使用了太阳能驱动船。在生物质能应用于船舶方面，新西兰的“环球竞赛号”和中国香港的第一艘环保船均使用了生物质能，马士基与英国劳氏船级社也开展为期两年相关试验。在民用核动力船舶方面，美国、德国和俄罗斯先后建成了核动力船。在海洋能船舶方面，英国首先制造了“水下风车”，如何有效地对其开发利用，已成为当前的研究热点。图 1.1 为 SeaCleaners 公司设计的环保概念帆船，船上设计了两座风力发电机、两座水轮发电机和近 $500m^2$ 的太阳能电池板，充分利用可再生能源为这艘船提供动力。

图 1.1 环保概念帆船示意

本章首先基于柴油机动力装置，分析渔船在正常航行、生产作业和附属生活的能源消耗特性和营运成本特性；其次引入生命周期理论，分析渔船建造、营运、维修和回收过程整个生命周期的碳排放量化；最后考虑新能源和混合能源动力装置，基于渔船的能源消耗和营运成本特征，从碳排放和经济性角度，进行渔船动力装置的用能结构优化。

1.1 渔船柴油机动力装置的能源消耗

渔船动力装置主要有三大能量系统，即主推进系统、副机发电系统和辅助锅炉系统。主推进系统将主机发出的能量经传动设备和轴系带动螺旋桨，推动船舶以一定的航速航行。副机发电系统用于供给各种辅助电力机械、鱼类加工制冷机械、助航助渔设备以及全船的照明和生活设备所需的电能。辅助锅炉系统提供低压蒸汽，满足加热、取暖及其他生活需要。不同航行工况条件下，主机、副机和辅助锅炉的能源消耗均不相同。往返渔场时主机处于全负荷工况，而副机功率发挥不大。在渔场作业时，主机负荷很小，而副机、辅助锅炉则负荷很大。

船用燃油主要分为轻柴油、船用柴油、中国燃料油和船用燃料油（重油）四类。其中，船用燃料油（Marine Fuel Oil，MFO）是供主机、副机和辅助锅炉使用最多的燃油；船用柴油（Marine Diesel Oil，MDO）用于主机、副机和辅助锅炉的初次冷起或维修时使用，或者当船舶进入特定海域或港口时使用。国际标准化组织（ISO）将船用燃料油分为船用馏分燃料油（DM级）和船用残渣燃料油（RM级）。DM级分为4个等级，即DMX、DMA、DMZ和DMB。RM级分为6个级别共11个牌号，即RMA10、RMB30、RMD80、RME180、RMG（含RMG180、RMG380、RMG500和RMG700）和RMK（含RMK380、RMK500和RMK700）。

1.1.1 主推进系统的能源消耗特性

渔船推进装置工作时，主机发出的机械能，由传动轴系传送给螺旋桨，螺旋桨把机械能转换为水动力能，克服船和网的运动阻力，保证渔船正常航行生产。当螺旋桨产生的水动推进力等于船、网运动阻力时，则渔船处于稳定航行状态；而当螺旋桨产生的水动推进力大于船、网运动阻力时，则渔船作加速航行；相反，当螺旋桨产生的水动推进力小于船、网运动阻力时，则渔船作减速航行。主机的功率取决于船体阻力和航行速度，也要考虑拖网阻力、拖网速度和功率储备等影响。当渔船在某一运行工况时，主机每小时耗油量表示为

$$B_z = g_e(M_D, n_D)N_E/(\eta_c\eta_r\eta_h\eta_o) \tag{1.1}$$

式中：$g_e(M_D, n_D)$ 为该工况时主机的燃油消耗率，是主机的扭矩 M_D 和转速 n_D 的函数，g/(kW·h)；N_E 为该工况下的渔船阻力功率，kW；η_c 为中间轴承、传动设备和尾轴承的传递效率；η_r 为相对旋转效率；η_h 为船身效率；η_o 为敞水螺旋桨效率。

1.1.2 副机发电系统的能源消耗特性

渔船在海上航行和作业时，全船的用电设备需要由自身的电站提供电能。渔船电站供给的电能主要用于：辅助电力拖动；鱼类加工制冷机械；助航、助渔设备用电；照明用电和生活设备用电等。渔船电站发电机的驱动方式主要有两种：一种是副机独立驱动；另一种是主机轴带发电机组，有效地利用主机的部分功率，节省燃油消耗，提高主机的工作效率。在同一艘船上，独立驱动型式和轴带发电型式常被同时采用。船舶电站的电力负荷通常采用三类负荷计算法[4]，表1.1为某尾滑道拖网渔船的用电设备负荷分类。忽略第Ⅲ类负荷，以第Ⅰ、Ⅱ类负荷为主要依据，同时考虑电网损耗，并以

各种运行工况中最大需要功率来确定船舶发电机组的总功率。

表 1.1　　　　渔船用电设备负荷类别

序号	设备名称	负荷类别			
		航行工况	作业工况	进出港工况	应急工况
1	制冷压缩机	Ⅰ	Ⅰ	Ⅱ	
2	制冷冷凝水泵	Ⅰ	Ⅰ	Ⅱ	
3	供液泵	Ⅱ	Ⅱ	Ⅱ	
4	平板冻结机油泵	Ⅱ	Ⅱ		
5	空调压缩机	Ⅰ	Ⅰ	Ⅰ	
6	空调冷水循环泵	Ⅰ	Ⅰ	Ⅰ	
7	空调冷凝水泵	Ⅰ	Ⅰ	Ⅰ	
8	消防泵				Ⅰ
9	总用泵		Ⅱ		Ⅰ
10	舱底水泵	Ⅱ	Ⅱ	Ⅱ	Ⅰ
11	生活水泵	Ⅱ	Ⅱ	Ⅱ	Ⅰ
12	海水淡化装置	Ⅰ	Ⅰ	Ⅰ	
13	空气压缩机	Ⅱ	Ⅱ	Ⅱ	
14	舵机油泵	Ⅱ	Ⅱ	Ⅱ	Ⅱ
15	通风机	Ⅰ	Ⅰ	Ⅰ	
16	鱼货输送机		Ⅱ		
17	绞机		Ⅱ		
18	齿轮箱备用油泵	Ⅲ	Ⅲ	Ⅲ	
19	润滑油备用油泵	Ⅲ	Ⅲ	Ⅲ	
20	燃油备用泵	Ⅲ	Ⅲ	Ⅲ	
21	含油污水分离器	Ⅱ	Ⅱ	Ⅱ	
22	机舱照明分电箱	Ⅰ	Ⅰ	Ⅰ	Ⅰ
23	甲板照明分电箱	Ⅰ	Ⅰ	Ⅱ	Ⅰ
24	甲板工作灯分电箱	Ⅱ	Ⅰ	Ⅰ	Ⅰ
25	驾驶室照明分电箱	Ⅰ	Ⅱ	Ⅰ	Ⅰ
26	通信交流分电箱	Ⅱ	Ⅱ	Ⅱ	Ⅰ

续表

序号	设备名称	负荷类别			
		航行工况	作业工况	进出港工况	应急工况
27	蓄电池充电分电箱	Ⅱ	Ⅱ	Ⅱ	
28	助航分电箱	Ⅱ	Ⅱ	Ⅱ	
29	航行灯控制箱	Ⅰ	Ⅰ	Ⅰ	Ⅰ
30	雷达	Ⅰ	Ⅰ	Ⅰ	Ⅰ

当渔船在某一运行工况时，考虑各种设备所配置的电动机的同时利用系数、负荷系数、效率和功率因数，以及电网损耗，则副机每小时耗油量表示为

$$B_f = g_{ef}(M_f, n_f)(1+\alpha_f)\left[\sum_{i=1}^{n_{f1}}\left(\frac{m_i^{f1}K_{1i}^{f1}P_i^{f1}}{\eta_{mi}^{f1}\eta_{Di}^{f1}}K_{0i}^{f1}\right)+\sum_{j=1}^{n_{f2}}\left(\frac{m_j^{f2}K_{1j}^{f2}P_j^{f2}}{\eta_{mj}^{f2}\eta_{Dj}^{f2}}K_{0j}^{f2}\right)\right] \tag{1.2}$$

式中：$g_{ef}(M_f, n_f)$ 为该工况下副机的燃油消耗率，是副机的扭矩 M_f 和转速 n_f 的函数，g/(kW·h)；n_{f1}、n_{f2} 分别为第Ⅰ类和第Ⅱ类负荷用电设备的种类；P_i^{f1}、P_j^{f2} 分别为第Ⅰ类和第Ⅱ类负荷用电设备的电动机额定功率，$i=1, 2, \cdots, n_{f1}$，$j=1, 2, \cdots, n_{f2}$；α_f 为电网损耗系数；m_i^{f1} 为第Ⅰ类负荷第 i 种用电设备的数量；m_j^{f2} 为第Ⅱ类负荷第 j 种用电设备的数量；K_{1i}^{f1}、K_{1j}^{f2} 分别为第Ⅰ类和第Ⅱ类负荷用电设备的电动机的负荷系数；K_{0i}^{f1}、K_{0j}^{f2} 分别为第Ⅰ类、第Ⅱ类负荷用电设备的同时利用系数；η_{mi}^{f1}、η_{mj}^{f2} 分别为第Ⅰ类和第Ⅱ类负荷用电设备的机械效率；η_{Di}^{f1}、η_{Dj}^{f2} 分别为第Ⅰ类和第Ⅱ类负荷用电设备的电动机效率。

1.1.3 辅助锅炉系统的能源消耗特性

辅助锅炉装置用于生产低压蒸汽，以满足柴油机动力装置船舶中的用热、用汽需要。在渔船上，主要用于：加热燃油和润滑油；舱室取暖或冬季空调装置加热空气；蒸煮饭菜、开水；提供浴室、厨房、洗衣室热水；蒸煮、烘干水产品，生产鱼粉；蒸汽灭火、清洗滤器、吹洗海底门及其他设备加热所需；蒸汽加热时海水淡化装置等。

当渔船在某一运行工况时，考虑到某些耗气设备并非连续工作，某些耗气设备并非始终按额定工况工作，以及设有若干台相同的辅机或设备不一定

同时工作，借鉴电力负荷的分类方法，则辅助锅炉的每小时燃油消耗量表示为

$$B_g=\frac{(h_s-h_w)}{Q_H\eta_g}(1+\alpha_g)\left[\sum_{i=1}^{n_{g1}}\left(\frac{m_i^{g1}K_{1i}^{g1}D_i^{g1}}{\eta_i^{g1}}K_{0i}^{g1}\right)+\sum_{j=1}^{n_{g2}}\frac{m_j^{g2}K_{1j}^{g2}D_j^{g2}}{\eta_j^{g2}}K_{0j}^{g2}\right] \tag{1.3}$$

式中：h_s 为蒸汽的热焓值，kJ/kg；h_w 为给水的热焓值，kJ/kg；Q_H 为燃油的低发热值，kJ/kg；η_g 为辅助锅炉的热效率；n_{g1}、n_{g2} 分别为第Ⅰ类和第Ⅱ类负荷耗汽设备的种类；D_i^{g1}、D_j^{g2} 分别为第Ⅰ类和第Ⅱ类负荷用汽设备的蒸汽耗量，$i=1$，2，…，n_{g1}，$j=1$，2，…，n_{g2}；α_g 为漏损蒸汽量系数；m_i^{g1} 为第Ⅰ类负荷第 i 种耗汽设备的数量；m_j^{g2} 为第Ⅱ类负荷第 j 种耗汽设备的数量；K_{1i}^{g1}、K_{1j}^{g2} 分别为第Ⅰ类和第Ⅱ类负荷耗汽设备的负荷系数；K_{0i}^{g1}、K_{0j}^{g2} 分别为第Ⅰ类、第Ⅱ类负荷耗汽设备的同时利用系数；η_i^{g1}、η_j^{g2} 分别为第Ⅰ类和第Ⅱ类负荷耗汽设备的效率。

1.2 渔船的碳排放量化

根据国际海事组织（International Maritime Organization，IMO）的相关报告，全球 CO_2 排放总量中，运输行业占 27%，其中，陆运 21.3%，空运 1.9%，铁路 0.5%，水运 3.3%（远洋 2.7%）[5]。虽然水路运输是一种相对经济、环保的运输方式，但是随着水路运输的船舶队伍日益庞大，其能源消耗和碳排放总量是相当惊人的。

2009 年 7 月 13 日召开的国际海事组织第 59 届海洋环境保护委员会上，通过了关于新船的能效设计指数（EEDI）提案，要求各国政府、船级社、航运公司采取相应的行动。EEDI 是根据 CO_2 排放量和货运能力的比值来表示船舶的能效，采用新节能技术是优化 EEDI 指数的一种有效措施。EEDI 的计算公式表示为[6]

$$\mathrm{EEDI}=\frac{\prod_{j=1}^{M}f_j\sum_{i=1}^{n\mathrm{ME}}P_{\mathrm{ME}(i)}C_{\mathrm{FME}(i)}\mathrm{SFC}_{\mathrm{ME}(i)}+P_{\mathrm{AE}}C_{\mathrm{FAE}}\mathrm{SFC}_{\mathrm{AE}}}{f_i\,\mathrm{Capacity}V_{\mathrm{ref}}f_w}$$
$$+\frac{\prod_{j=1}^{M}f_j\sum_{i=1}^{n\mathrm{PTI}}P_{\mathrm{PTI}(i)}-\sum_{i=1}^{n\mathrm{eff}}f_{\mathrm{eff}(i)}P_{\mathrm{AEeff}(i)}C_{\mathrm{FAE}}\mathrm{SFC}_{\mathrm{AE}}}{f_i\,\mathrm{Capacity}V_{\mathrm{ref}}f_w}$$

$$-\frac{\sum_{i=1}^{neff} f_{\mathrm{eff}(i)} P_{\mathrm{eff}(i)} C_{\mathrm{FME}} \mathrm{SFC}_{\mathrm{ME}}}{f_i \mathrm{Capacity} V_{\mathrm{ref}} f_w} \tag{1.4}$$

式中：f_j 为修正系数；f_i 为船舶载重量的限制系数；f_w 为恶劣海况对航速的限制系数；SFC_{ME} 为船舶主机单位功率燃油消耗；SFC_{AE} 为船舶副机单位功率燃油消耗；C_{FME} 为船舶主机燃油 CO_2 转换系数；C_{FAE} 为船舶副机燃油 CO_2 转换系数；P_{PTI} 为轴马达功率；P_{AEeff} 为船舶在 PME 状态下采用了创新型电力能效技术而减少的辅机功率；P_{eff} 为由于采用新型机械式能效技术而减少的主机功率的 75%；f_{eff} 为反映创新型能效技术的修正系数；Capacity、V_{ref} 分别为船舶的载重量和该载重下的航速。

柳卫东等[7] 解读了“新造船舶能效设计指数计算方法临时导则”，并进行了散货船和油船的 EEDI 计算以及对船舶设计的影响分析。蔡薇[8] 分析了船舶大气排放物的组成，提出手册计算法、燃料消耗量计算法和载重量计算法三种量化方法。张祝利等[9] 依据统计数据资料和实际技术调研结果，提出 CO_2 排放量的计算方法，并对我国渔船的 CO_2 排放量进行了估算。李碧英等[10] 介绍了船舶的碳足迹计算方法，并指出减少船舶营运期间的燃料消耗是减少船舶整个生命周期内碳足迹的重要途径。随着全球温室效应的日益严峻，碳税、碳交易机制[11-12] 已经逐步建立，通过强制性手段约束海运船舶碳排放。

1.2.1 IPCC 温室气体排放

《2006 年 IPCC 温室气体排放清单指南》[13]（以下简称《2006 年指南》）由政府间气候变化专门委员会（IPCC）编写，提供了国际认可的方法学，可供各国用来估算温室气体清单，以向《联合国气候变化框架公约》报告。《2006 年指南》中包括的温室气体（Green House Gas，GHG）有二氧化碳（CO_2）、甲烷（CH_4）和氧化亚氮（N_2O），以及氢氟碳化物（HFCs）、全氟碳化物（PFCs）和六氟化硫（SF_6）等，IPCC 确定了每种气体的全球增温潜势值（Global Warming Potential，GWP）。进行 GHG 排放的量化时，将每种温室气体的量使用适切的全球变暖潜值转换成 CO_2 当量（Carbon Dioxide Equivalent，CO_2e），见表 1.2。

表1.2 温室气体的 CO_2 当量

气 体	CO_2 当量	气 体	CO_2 当量
二氧化碳（CO_2）	1	氢氟碳化物（HFCs）	124～14800
甲烷（CH_4）	25	全氟碳化物（PFCs）	7390～17700
氧化亚氮（N_2O）	298	六氟化硫（SF_6）	22800

水运引起的温室气体排放主要包括 CO_2、CH_4 和 N_2O，通过查找排放因子数据库（Emission Factor Database，EFDB），可以在其中找到排放因子及其他参数以及背景文件或技术参考资料。表1.3和1.4为燃烧类型以及 CO_2、CH_4 和 N_2O 的排放因子，应用于相应的活动数据（如用于航行时的汽油/柴油），国际水路运输温室气体排放量估算为

$$E_{GHG}=\sum(\text{燃料消耗}_{ab}\cdot\text{排放因子}_{ab}) \tag{1.5}$$

式中：a 为燃料类型，如柴油、汽油、LPG等；b 为水运类型。

表1.3 CO_2 排放因子

燃料类型	CO_2 排放因子/(kg/TJ)		
	缺省	低限	高限
汽油	69300	67500	73000
其他煤油	71900	70800	73600
汽油/柴油	74100	72600	74800
残留燃料油	77400	75500	78800
液化石油气	63100	61600	65600
天然气	56100	54300	58300

表1.4 CH_4 和 N_2O 排放因子

船只	CH_4 排放因子/(kg/TJ)	N_2O 排放因子/(kg/TJ)
远洋船只	7±7×50%	2+2×140% −2×40%

1.2.2 船舶全生命周期的碳排放

全生命周期（All Life Cycle，ALC）理论被称为“从摇篮到坟墓”的生命周期，是某一过程、产品或事件从原料投入、加工制作、使用到废弃的整

个生态循环过程[14]。船舶的全生命周期指的是建造船舶所需的钢材建造和运输、船舶建造、船舶营运、船舶维修及拆解回收等过程。船舶各阶段的温室气体排放主要体现在：

（1）船舶建造过程中钢材的制造、运输和切割，以及耗电、耗汽而导致的 CO_2 排放。

（2）船舶营运过程中耗油而产生的 CO_2、CH_4 和 N_2O 排放。

（3）船舶拆解过程中的耗电和钢材切割而形成的 CO_2 排放。

表 1.5 为某散货船全生命周期内的碳排放统计[10]。其中，假定船舶一年航行 20 次，一次航行 12 天，营运寿命为 25 年。很显然，船舶营运阶段的碳排放最多。

表 1.5　船舶全生命周期内的碳排放

生命周期	碳排放/t - CO_2e						
	二氧化碳（CO_2）	氧化亚氮（N_2O）	甲烷（CH_4）	氢氟碳化物（HFCs）	全氟化碳（PFCs）	六氟化硫（SF_6）	合计
钢材制造	66864.0						66864.0
钢材运输	94.7	10.7	0.1				105.5
船舶建造	13501.7						13501.7
船舶营运（包括维修）	1541034.0	11866.4	3484.2	53.6			1556438.2
船舶拆解	1990.0						1990.0
合计	1623484.4	11877.1	3484.3	53.6	0	忽略	1638899.4

1.2.3　柴油机动力渔船的碳排放量化

渔船营运作业过程中，需要计算的能源消耗主要有主机的能源消耗量、副机的能源消耗量和辅助锅炉的能源消耗量。其中，主机和副机几乎全部使用船用燃料油（重油），而辅助锅炉采用的燃料也大都是重油，仅在启动、维修时或者当船舶进入特定海域或港口时使用船用柴油。

根据作业方式的不同，捕捞渔船分为拖网渔船、围网渔船、流网渔船、钓鱼船等。渔船航行工况一般可用作业时间分类进行评价，比如拖网渔船的全年时间分为生产营运时间 T_s 和非生产营运时间 T_f，其中生产营运时间表示为

$$T_s = \sum_{i=1}^{m} (t_{ti} + t_{li} + t_{bi}) \tag{1.6}$$

式中：m 为全年的航行次数；t_{ti}、t_{li} 和 t_{bi} 分别为不同航次中停港时间、往返渔场时间和捕捞作业时间，其中捕捞作业时间中还包含转移渔场、机械设备和网具修理以及随风漂流等辅助时间。

某拖网渔船航行工况的时间和功率分配见表1.6。根据前述主机、副机和辅助锅炉的能源消耗特性，则渔船全年营运作业的能耗为

$$B = \sum_{i=1}^{m} (B_{zli} t_{li} + B_{zbi} t_{bi}) + \sum_{i=1}^{m} (B_{fli} t_{li} + B_{fbi} t_{bi}) + \sum_{i=1}^{m} (B_{gli} t_{li} + B_{gbi} t_{bi}) \tag{1.7}$$

式中：B_{zli}、B_{zbi} 分别为主机 i 次航行时往返渔场和捕捞作业工况的单位小时耗油量，$i=1$，2，…，m；B_{fli}、B_{fbi} 分别为主机 i 次航行时往返渔场和捕捞作业工况的单位小时耗油量；B_{gli}、B_{gbi} 分别为主机 i 次航行时往返渔场和捕捞作业工况的单位小时耗油量。

表1.6　　拖网渔船航行工况的时间和功率分配

工　况		时间分配/%	功率分配/%
自由航行		25	85
捕捞作业	拖网航行	66	65
	转移渔场	9	40

渔船营运作业过程中的碳排放，主要是船舶营运过程中主机、副机和辅助锅炉能源消耗量而形成的温室气体排放。则根据渔船的能源消耗和GHG排放量公式，并将其转换为 CO_2 当量，则渔船全年营运作业的碳排放量为

$$E_{GHG} = Bf_{CO_2} + Bf_{CH_4} Trf_{CH_4} + Bf_{N_2O} Trf_{N_2O} \tag{1.8}$$

式中：Trf_{CH_4}、Trf_{N_2O} 分别为温室气体 CH_4 和 N_2O 的 CO_2 当量系数（表1.2）；f_{CO_2}、f_{CH_4} 和 f_{N_2O} 分别为船舶的 CO_2、CH_4 和 N_2O 排放因子（表1.3和表1.4）。

1.2.4　碳排放量计算实例

某远洋渔船，设置主机1台，柴油发电机组2台，倒顺车齿轮箱1台，相关参数见表1.7。该船的传递效率 $\eta_c=0.95$；相对旋转效率 $\eta_r=1$；船身

效率 $\eta_h=1.03$；自由航行时敞水螺旋桨效率 $\eta_o=0.65$，船舶阻力功率 $N_E=195\text{kW}$；捕捞作业时敞水螺旋桨效率 $\eta_o=0.38$，船舶阻力功率 $N_E=60\text{kW}$。该渔船的用电设备负荷见表 1.1，第Ⅰ类负荷、第Ⅱ类负荷用电设备的同时利用系数分别为 1.0 和 0.4；网络损失为 5%。假定年航行天数为 240 天，其中往返渔场（自由航行）占 20%，捕捞作业占 70%，进出港工况占 5%，停泊工况占 5%；服务年限为 20 年。

表 1.7　　渔船技术参数

参　　数	指　　标	参　　数	指　　标
总长	32.50m	主机功率	382kW
两柱间长	28.00m	主机转速	1200r/min
型深	3.00m	主机耗油率	207g/(kW・h)
型宽	6.20m	副机功率	160kW
设计吃水	2.25m	副机转速	1500r/min
拖速×拉力	3.2kn×77.8kN	副机耗油率	216g/(kW・h)
设计航速	12.5kn	变速箱速比	4.33∶1

查表 1.3 和表 1.4，柴油单位热值的 CO_2、CH_4 和 N_2O 排放因子为 74100kg/TJ、7kg/TJ 和 2kg/TJ，柴油的低位热值为 42652kJ/kg，根据表 1.2 则柴油的 CO_2 当量排放系数为 3.1978。将该渔船的相关已知参数分别代入式(1.8)，则得到该远洋渔船在整个服务年限内的碳排放当量，见表 1.8。

表 1.8　　远洋渔船的碳排放量

工　　况		主机碳排放量/t-CO_2e	副机碳排放量/t-CO_2e	合计/t-CO_2e
全年作业	自由航行	263.1	74.5	337.6
	进出港	—	21.1	21.1
	停泊	—	11.8	11.8
	捕捞作业	484.7	426.3	911.0
整个服务年限		14956.8	10674.7	25631.5

从表 1.8 中可以看出，在渔船营运作业过程中，不同航行工况条件下，主副机的碳排放量差别很大；而且渔船在整个服务年限内的碳排放量是相当可观的，需要 6.4 万棵成年树吸收 20 年才能消化掉。

1.3 渔船新能源动力装置的特性分析

1.3.1 太阳能光伏发电系统的节能分析

太阳能光伏发电系统是利用太阳能电池的光伏效应，将太阳光辐射能直接转换成电能的一种新型发电系统，为船上设备提供相对独立的能量来源，在降低船舶发电机能耗的同时保证船舶的正常航行。光伏发电系统一般由太阳能电池方阵、控制器、逆变器和蓄电池（组）构成[15]，如图1.2所示。太阳能电池板是太阳能光伏发电系统中的核心部分，将太阳能直接转换成电能，供负载使用或存储于蓄电池内备用；控制器为蓄电池提供最佳的充电电流和电压，同时避免过充电和过放电现象的发生；逆变器将太阳能电池阵列和蓄电池提供的低压直流电逆变成220V交流电，供给交流负载使用；蓄电池（组）将太阳能阵列发出的直流电直接储存起来，供负载使用。

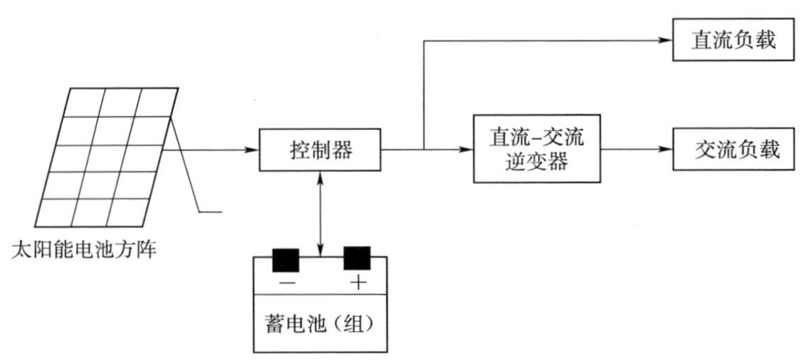

图1.2 太阳能光伏发电系统的构成

太阳能光伏发电系统根据应用场地和负载的需求，一般可分为独立供电的光伏发电系统、并网光伏发电系统和混合型光伏发电系统三种[16]。对于独立供电的光伏发电系统，太阳能电池板直接将太阳能转换为直流形式的电能，当发电量大于负载时，太阳能电池通过充电器对蓄电池（组）充电；当发电量不足时，太阳能电池和蓄电池（组）同时对负载供电。对于并网光伏发电系统，光伏发电系统直接与电网连接，当有日光照射，光伏系统所产生的交流电能超过负载所需时，多余的部分将送往电网；夜间当负载所需电能超过光伏系统产生的交流电能时，电网自动向负载补充电能。对于混合型光伏发电系统，其区别于以上两个系统之处是增加了一台备用发电机组，当光伏阵列发电不足或蓄电池储量不足时，可以启动备用发电机组，其既可以直接给交流负载供电，又可以经整流器后给蓄电池充电。针对大型远洋船舶，船舶光伏发电系统采用混合型（离网模式），即光伏发电系统独立支持若干直流和交流用电模块，当其供电功率不足时再由船舶电站通过功率判断后向该用电模块供电[17]。

太阳能光伏系统进行光伏转换主要取决于电池板所受的太阳辐射强度。辐射强度取决于大气层对太阳辐射的吸收和散射作用、地球与太阳的相对位置和附近的障碍物等。海平面上的太阳辐射强度随着地域和时间的变化不断发生改变，全球按照纬度的区域划分和各区域的太阳辐射强度见表 1.9。针对某一具体区域，为了计算某年某月某日的太阳能辐射强度，需要从气象资料中查阅当地太阳能资源分布状况统计分析数据。

表 1.9　各区域的太阳辐射强度

区　域	纬度/(°)	太阳辐射强度/[kW·h/(m^2·d)]
1	北 0～29	5.610
2	北 30～59	3.720
3	北 60～89	2.339
−1	南 1～29	5.703
−2	南 30～59	3.646
−3	南 60～90	2.739

从日均电力供给方面计算太阳能电池方阵输出的峰值功率为[18]

$$P=\frac{E1}{\pi_S\theta_t\theta_d} \tag{1.9}$$

式中：E 为每日输出电能；π_S 为选定航线区域月平均太阳辐射强度统计值；θ_t 为温度补偿系数；θ_d 为直流补正系数；数字 1 代表太阳辐射密度的基本参考值。

从太阳能电池实际安装面积方面计算太阳能电池方阵峰值功率为

$$P=1\eta_S S_S \tag{1.10}$$

式中：η_S 为光伏转换效率；S_S 为太阳能电池方阵的安装面积。

由式（1.9）和式（1.10）得出太阳能光伏系统日输出电能 E 为

$$E=\pi_S\theta_t\theta_d\ \frac{1\eta_S S_S}{1} \tag{1.11}$$

在渔船上安装太阳能电池方阵，取决于甲板的具体位置结构和有效安装面积。对于拖、围、流、钓等不同的捕捞作业，渔船的甲板上需要安装各种捕捞机械、渔获物的传送设备和其他甲板机械等，而且甲板上还要经常进行捕鱼作业。因此太阳能电池方阵的布置要求更高，保证甲板机械与电池方阵布置空间不能相互干扰，各机械设备都能正常使用。根据渔船的选定航线区域太阳辐射强度和太阳能电池方阵的安装面积，便可以求出太阳能光伏系统日输出电能。在远洋渔船上构建太阳能光伏系统，不仅涉及船舶电力系统，还要考虑船体结构、船舶安全营运和经济性分析，以及太阳能电池板的防腐蚀和振动冲击问题等多个方面。

1.3.2 风帆助航装置的节能分析

现代风帆助航船舶主要采用帆、机并用，以主机为主、风帆为辅的推进方式，通过控制实现船、机、帆和桨的匹配关系最优，从而达到最好的节能效果。

不同类型的风帆对船舶的航速影响较大。按照帆的形状分类，有矩形帆、三角帆、梯形帆等；按照帆和桅杆的相对位置分类，有横帆和纵帆；按照帆的横断面拱度线形状分类，有层流形、圆弧形和杓头形等。

通常，帆的空气动力性能通过风洞试验得出，以函数形式表示为[19]

$$\begin{cases} C_L=f(\alpha,\lambda,\nu) \\ C_D=g(\alpha,\lambda,\nu) \end{cases} \tag{1.12}$$

式中：α 为帆的攻角；λ 为帆的展舷比；ν 为帆的拱度比；C_L 为升力系数；C_D 为阻力系数。

置于来流中的帆具，受到垂直于来流方向的升力 F_L 和与来流方向一致的阻力 F_D 的作用，常用升力系数 C_L 和阻力系数 C_D 可表示为

$$\begin{cases} C_L=F_L/(1/2\rho V_w{}^2 S_w) \\ C_D=F_D/(1/2\rho V_w{}^2 S_w) \end{cases} \tag{1.13}$$

式中：ρ 为空气密度；V_w 为相对风速；S_w 为帆的面积。

1.3.2.1 风帆助航船舶的受力分析[20]

如图1.3所示，帆船以航速 V_S、舵角 δ 和漂角 β 航行时，假定船舶做平

面定常运动，则其动力平衡方程为

$$\begin{cases} X_P + X_W + X_H + X_S + X_R = 0 \\ Y_H + Y_W + Y_S + Y_R = 0 \\ M_H + M_W + M_S + M_R = 0 \end{cases} \tag{1.14}$$

式中：X_H、Y_H 和 M_H 分别为作用于船体上的水动力和力矩，取决于漂角 β；X_R、Y_R 和 M_R 分别为作用于舵上的水动力和力矩，与舵角 δ 有关；X_S、Y_S 和 M_S 分别为作用于风帆上的空气动力和力矩，与漂角 β 有关；X_W、Y_W 和 M_W 分别为风作用在水线上船体部分空气动力和力矩，与漂角 β 有关；X_P 为螺旋桨发出的推力。

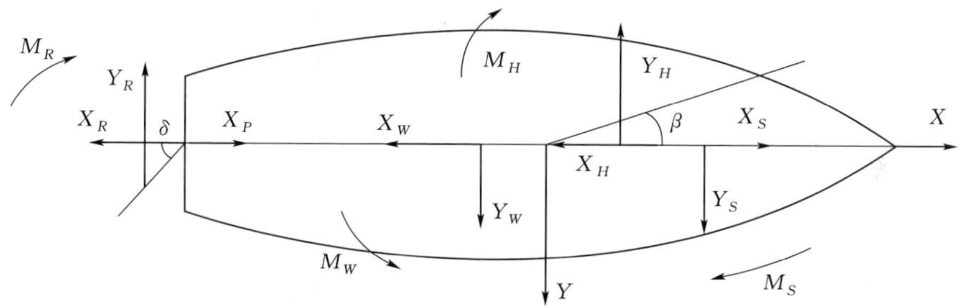

图 1.3　风帆助航船受力示意

（1）作用在船体上的力。

$$\begin{cases} X_H = 1/2X'V'^2\rho S_W U^2 + 1/2C_T\rho S_W U^2 \\ Y_H = 1/2Y'V'(1 + |V'|)\rho S_W U^2 \\ M_H = 1/2M'V'(1 + |V'|)\rho S_W U^2 \end{cases} \tag{1.15}$$

式中：X'、Y'、M'分别为船舶前进、横移和回转 3 个方向的摩擦阻力系数；C_T 为剩余阻力系数；V'为横向分速度的无因次量，$V'=V/U$。

（2）作用在螺旋桨上的力。根据螺旋桨的推进特性，螺旋桨的推力表示为

$$X_P = K_T\rho n_P^2 D_P^4 \tag{1.16}$$

式中：K_T 为推力系数，$K_T=f(J)$，$J=U/(n_P D_P)$，由螺旋桨的推进特性曲线图谱查得或者通过回归公式进行计算。

（3）作用在舵上的力。舵角一定的情况下，作用在舵上的水动力和力矩表示为

$$\begin{cases} X_R = -F_N\sin\delta \\ Y_R = -(1 + \alpha_H)F_N\cos\delta \\ M_R = X_R(1 + \alpha_H)F_N\cos\delta \end{cases} \tag{1.17}$$

式中：F_N 为舵的正压力，$F_N=1/2\rho A_R U_R^2 f_N \alpha_R$，$\alpha_R$ 为舵压力修正系数，A_R 为舵的正面作用面积，f_N 为舵的正压力系数，U_R 为相对于舵的流速；α_H 为水流与舵间的夹角。

（4）作用在水线上的空气动力。通过风洞试验得出船体水面以上的空气压力系数 X'_W、Y'_W 和 M'_W，则风作用在船体水面以上的力和力矩表示为

$$\begin{cases} X_W=1/2X'_W\beta_W\rho_A A_X V_W^2 \\ Y_W=1/2Y'_W\beta_W\rho_A A_Y V_W^2 \\ M_W=1/2M'_W\beta_W\rho_A A_Y L V_W^2 \end{cases} \tag{1.18}$$

式中：β_W 为相对风向角；V_W 为相对风速；A_X、A_Y 分别为正面和侧面风压面积。

（5）作用在帆上的力。作用在帆上的力和力矩表示为

$$\begin{cases} X_S=1/2[C_L\sin(\alpha+\varepsilon)-C_D\cos(\alpha+\varepsilon)]\rho_A A_S V_A^2 \\ Y_S=1/2[-C_L\cos(\alpha+\varepsilon)-C_D\sin(\alpha+\varepsilon)]\rho_A A_S V_A^2 \\ M_S=Y_S L_x \end{cases} \tag{1.19}$$

式中：α 为有效迎角；ε 为冲入角；V_A 为相对风速。

分别将式（1.15）～式（1.19）代入式（1.14）中，可求解三个未知数 β、δ 和 X_P，从而求得各项受力的数值。

在某一风速风向下，风帆的收益功率为

$$\Delta P_B=\frac{\Delta X_P V_S}{1000\eta} \tag{1.20}$$

式中：ΔX_P 为有帆时螺旋桨推力 X_{PS} 与无帆时螺旋桨推力 X_{P0} 的差值；V_S 为船舶速度；η 为船舶推进系数。

1.3.2.2　海上风能资源特征

全球海域风能密度的大值区分布于南北半球西风带海域，其中南半球西风带海域的风能密度大于北半球西风带海域，由西风带向低纬度海域逐渐递减，等值线呈东西带状分布[21]。重点海域的风能资源分布见表1.10[22]。

表1.10　　重点海域的风能资源分布

国家或地区	海　　域	平均风速/(m/s)
欧洲	北海	9～10
	波罗的海	8
	地中海	7

续表

国家或地区	海　　域	平均风速/(m/s)
美国	东海岸北部和西海岸中部	9.5
	五大湖、东海岸中部和墨西哥湾的得克萨斯州沿海地区	8～9
中国	台湾海域	8.5～9
	浙江沿海、广东东部沿海和渤海辽东湾	8
	北部湾北部和黄海中部	7

胡以怀等[23] 根据英国水文局发布的2016年海图资料，整理出2016年全球9条典型航线上不同风力、不同风向的概率数据。对有效助推强风的顺风天数和风能资源的有效性进行分析，提出风能资源的强度指数、综合风能资源强度指数和综合有效强度指数，用来衡量海上航线风能资源的综合强度和有效性，可作为未来风帆助航船舶航线优化的重要选择指标。

全球海域不同航线上风能资源的分布是船舶风帆助航技术应用的主要依据。针对某一具体航线，一年四季风的方向和风速大小是不断变化的，若已知风频分布 $q(V_T, \theta_T)$，则可求得该航线的风帆收益值，表示为

$$P_B = \iint \Delta P_B(V_T, \theta_T) q(V_T, \theta_T) \mathrm{d}V_T \mathrm{d}\theta_T \tag{1.21}$$

式中：$\Delta P_B(V_T, \theta_T)$ 为某真风向角和某风速下的风帆收益值；$q(V_T, \theta_T)$ 为风频分布函数；V_T 为真风速，m/s；θ_T 为真风向角。

1.3.3 混合动力渔船的碳排放量化

当远洋渔船采用柴油机/新能源混合动力装置，如风帆助航装置、光伏发电装置等，既能实现远洋渔船的低碳节能，又可以解决新能源的低密度性问题。

考虑新能源动力装置的辅助推进和辅助发电作用，则远洋渔船在全年营运作业的能源消耗为

$$\begin{aligned} B_{hy} = & \sum_{i=1}^{m}(B_{\mathrm{zl}i}t_{\mathrm{l}i} + B_{\mathrm{zb}i}t_{\mathrm{b}i} - g_e N_{wi} t_{wi}) + \sum_{i=1}^{m}(B_{\mathrm{fl}i}t_{\mathrm{l}i} + B_{\mathrm{fb}i}t_{\mathrm{b}i} - g_{ef} N_{si} t_{si}) \\ & + \sum_{i=1}^{m}(B_{\mathrm{gl}i}t_{\mathrm{l}i} + B_{\mathrm{gb}i}t_{\mathrm{b}i}) \end{aligned} \tag{1.22}$$

式中：N_{wi}、t_{wi} 分别为渔船第 i 次航行时风帆助航系统的输出功率和时间；N_{si}、t_{si} 分别为渔船第 i 次航行时太阳能光伏发电系统的输出功率和时间。

虽然新能源动力装置（风帆助航装置、光伏发电装置等）整个渔船营运作业过程是零碳排放，但是其制造过程中的碳排放是无法忽视的。表1.11为

表 1.11　光伏发电系统生产中 FC 排放的排放因子

方法		含 TAR GWP 的温室气体的排放因子									不含 TAR GWP 的温室气体的排放因子			产生 FC 副产品的非 GHG 的排放因子	
过程气体		CF_4	C_2F_6	CHF_3	CH_2F_2	C_3F_8	$C-C_4F_8O$	NF_3 远程	NF_3	SF_6	C_4F_6	C_5F_8	C_4F_8O	F2	COF_2
方法 2a	1 - Ui	0.7	0.6	0.4	NA	0.4	0.2	NA	0.2	0.4	NA	NA	NA	NA	NA
	B_{CF4}	NA	0.2	NA	NA	0.2	0.1	NA	0.05	NA	NA	NA	NA	NA	NA
	B_{C2F6}	NA	NA	NA	NA	NA	0.1	NA	NA	NA	NA	NA	NA	NA	NA
	B_{C3F8}	NA	NA	NA	NA	NA	NA	NA	NA	NA	NA	NA	NA	NA	NA
方法 2b	腐蚀 1 - Ui	0.7	0.4	0.4	NA	NA	0.2	NA	NA	0.4	NA	NA	NA	NA	NA
	CVD1 - Ui	NA	0.6	NA	NA	0.1	0.1	NA	0.3	0.4	NA	NA	NA	NA	NA
	腐蚀 B_{CF4}	NA	0.2	NA	NA	NA	0.1	NA	NA	NA	NA	NA	NA	NA	NA
	腐蚀 B_{C2F6}	NA	NA	NA	NA	NA	0.1	NA	NA	NA	NA	NA	NA	NA	NA
	$CVDB_{CF4}$	NA	0.2	NA	NA	0.2	0.1	NA	NA	NA	NA	NA	NA	NA	NA
	$CVDB_{C2F6}$	NA	NA	NA	NA	NA	NA	NA	NA	NA	NA	NA	NA	NA	NA
	$CVDB_{C3F8}$	NA	NA	NA	NA	NA	NA	NA	NA	NA	NA	NA	NA	NA	NA

注　NA 表示根据当前可用信息是适用的。

光伏发电系统生产中 FC 排放的排放因子[24]。而风帆是由帆布、桅杆和桁杆组成，桅杆和桁杆的材料是空心玻璃钢，在其加工、制作和运输过程中也将产生一定量的碳排放。因此，考虑新能源动力装置制造过程中的碳排放，则远洋渔船全年营运作业的碳排放量为

$$E_{hy-\mathrm{GHG}} = B_{hy}(f_{\mathrm{CO_2}} + f_{\mathrm{CH_4}} Trf_{\mathrm{CH_4}} + f_{\mathrm{N_2O}} Trf_{\mathrm{N_2O}}) + E_W + E_S \quad (1.23)$$

式中：E_W 为风帆助航系统制造过程中的碳排放折算；E_S 为光伏发电系统制造过程中的碳排放折算。

1.4　渔船动力装置的经济性分析

1.4.1　柴油机动力装置的经济性分析

渔船动力装置的经济性与渔场资源、渔具渔法、渔获物保鲜、船舶性能和动力装置的型式等多方面的因素有关。就其本身而言，则考虑造价、营运成本和营运收入等问题。采用净现值（Net Present Value，NPV）作为渔船的综合经济性评价指标，表示为

$$\mathrm{NPV} = \sum_{t=1}^{n}(C_I - C_O)(P/F,i,t) - C_{IN} + S_N(P/F,i,n) \quad (1.24)$$

式中：P 为投资或贷款资金；F 为按复利计算的资金增值；i 为年利率；n 为投资回收年限；（P/F，i，t）为现值因数，（P/F，i，t）$=(1+i)^{-t}$；（P/F，i，n）为折算到 n 年前的现值因数，（P/F，i，n）$=(1+i)^{-n}$；C_I 为渔船的年均收入，对于捕捞渔船来说，主要决定于渔产量和渔产值，有些渔船还有部分运输收入等；C_O 为渔船的年均营运成本，包括燃油费、机油费、修理费、渔具材料费、人工费、管理费、折旧费等；C_{IN} 为渔船初始投资总额；S_N 为第 n 年结束时渔船初始投资总额的剩余价值。

求解式（1.24）的净现值 NPV，如果 NPV>0，说明投资的报酬率高于资金成本，可以投资；如果 NPV<0，说明投资的报酬率低于资金成本，不宜投资；如果 NPV=0，便可以得到年利率不变情况下的投资回收年限（Discount Payback Period，DPB）。

1.4.2　光伏发电系统的经济性分析

采用净现值对于光伏发电进行分析时，将每年的净现金流量等效为因为

使用光伏系统而节省的燃油费用所带来的收入，表示为

$$C_P^t = E(S_S, \pi_S) c_{\text{per}} (1+x)^t \tag{1.25}$$

式中：C_P^t 为第 t 年的净现金流量；c_{per} 为每千瓦时输出功率的燃油价格；x 为燃油价格增长率。

将其代入净现值式（1.24），并假定第 n 年结束时光伏发电系统的剩余价值为 0，则光伏发电系统的净现值表示为

$$\text{NPV} = \sum_{t=1}^{n} E(S_S, \pi_S) c_{\text{per}} (1+x)^t (P/F, i, t) - C_S \tag{1.26}$$

式中：C_S 为光伏发电系统的初始投资总额。

取 NPV=0，便可以得到年利率不变情况下的投资回收年限。

1.4.3 风帆助航系统的经济性分析

采用净现值对于风帆助航系统进行分析时，将每年的净现金流量等效为因为使用风帆系统而节省的燃油费用所带来的收入，表示为

$$C_f^t = P_B c_{\text{per}} (1+x)^t \tag{1.27}$$

式中：C_f^t 为第 t 年的净现金流量。

假设风帆助航系统的初始投资总额为 C_W，每 3 年更换一次帆布的费用为 C_{fan}，并假定第 n 年服务期结束时风帆助航系统的剩余价值为 0，则风帆助航系统的净现值表示为

$$\text{NPV} = \sum_{t=1}^{n} P_B(V_T, \theta_T) c_{\text{per}} (1+x)^t (P/F, i, t) - C_W - \sum_{t=1}^{m} C_{\text{fan}} (P/F, i, 3t) \tag{1.28}$$

式中：m 为 $n/3$ 的整数部分。

取 NPV=0，便可以得到年利率不变情况下的投资回收年限。

1.4.4 算例

某远洋渔船相关参数见表 1.12，分别进行柴油机动力、柴油机/太阳能光伏发电混合动力的用能结构分析。假定：

（1）自由航行时主机的持续功率为额定功率的 85%，拖网航行时为额定功率的 35%，转移渔场时为额定功率的 60%。

（2）副机在各种工况下平均使用持续功率为额定功率的 80%。

（3）辅助锅炉的燃油消耗量大约为 16kg/h。

(4) 年航行天数取240天，其中往返渔场占20%，捕捞作业占80%（拖网55%，转移渔场25%）。

(5) 主副机燃油使用标号180mm²/s的重柴油，价格为5135元/t。辅助锅炉燃料为轻柴油，价格为6800元/t。

(6) 年均渔产值为4750万元。

(7) 渔船的总造价为3500万元。

(8) 银行利率取6.4%。

(9) 服务年限为20年。

表1.12　渔船的技术参数

参　数	数值	参　数	数值
总长/m	120.7	主柴油机功率/kW	5120
垂线间长/m	107	主柴油机转速/(r/min)	520
型深/m	12.2	主柴油机燃油耗油率/[g/(kW·h)]	207
型宽/m	19	副柴油机功率/kW	4208
自持力/d	30	副柴油机转速/(r/min)	1500
设计航速/kn	15	副柴油机燃油耗油率/[g/(kW·h)]	216

采用NPV法进行渔船经济性分析时，假定渔船的残值为0，由式(1.8)和式(1.24)即可得到该渔船的整个服务年限的碳排放量和投资回收年限，而且其随着燃油价格和主副机燃油消耗率等因素的改变而改变，见表1.13。当燃油价格或主副柴油机燃油消耗率增长过快时，将出现当年支出大于当年收入的情况，因而无解。显然，采用柴油机动力装置，渔船的经济性受燃油价格的影响较大，只有通过降低主副机的燃油消耗率、主机剩余功率的合理使用和余热的二次利用等节能环节，才能实现渔船的低碳节能。

表1.13　柴油机动力渔船的投资回收期和碳排放量

增长率/%		投资回收年限/年	碳排放量/t-CO_2e
燃油价格	0	5	488810
	2.5	7	
	5.0	无解	
主副柴油机燃油消耗率	2.5	6	622640
	5.0	无解	—

采用 NPV 法对柴油机/太阳能混合动力装置的长期投资过程进行计算。为了简便，这里仅考虑太阳能光伏系统成本进行核算，年利润即是因为使用光伏系统而等效节省的燃油费用所提供的收益，并随着燃油价格的增长而增加。太阳能光伏系统的相关参数设定：太阳辐射强度 $\pi_S=5.20\text{kW}\cdot\text{h}/(\text{m}^2\cdot\text{d})$；温度补偿系数 $\theta_t=0.9$；直流补正系数 $\theta_d=0.93$；光伏转换效率 $\eta_S=13\%$。假定太阳能电池板价格约为 22000 元/kW（包括安装和布线的费用），船用光伏系统逆变器的市场成本价格约为 1500 元/kW，且投资的剩余价值为 0。

表 1.14 为不同太阳能电池板的情况下的投资成本、节省燃油和碳排放减少情况。从表中可以看出，随着太阳能电池板的面积增加，虽然投资成本提高，但是节省的燃油和减少的 CO_2 排放量明显提高。

假定电池安装面积 $S=2000\text{m}^2$，随着燃油价格增长，太阳能光伏系统的投资回收期缩短，见表 1.15。因此，采用柴油机/太阳能混合动力装置，渔船的经济性仍然受燃油价格的影响。

表 1.14　光伏发电系统的投资成本、节省燃油和减少的 CO_2 排放量

电池板面积/m^2	投资成本/万元	节省燃油/t	减少的碳排放量/t-CO_2e
500	152.75	112.80	376.5662
1000	305.50	225.12	751.5432
1500	458.25	337.92	1128.1000
2000	611.00	450.72	1504.7000

表 1.15　柴油机/太阳能混合动力渔船的投资回收期

燃油价格增长率/%	DPB/年	燃油价格增长率/%	DPB/年
5	46.7635	20	13.2539
10	22.7706		

1.5　渔船动力装置的用能结构优化

由于太阳能和风能都是低密度能源，太阳能电池板或风帆作为远洋渔船的主动力是不可行的，因此可以考虑在柴油机动力装置的渔船上设置太阳能光伏发电系统和风帆助航系统。渔船动力装置方案设计阶段，将主推进系统的推力分解为主柴油机带动螺旋桨产生的推力和风帆利用风能获得的推力；

把船舶电站设计方面也分成两大部分，一部分船舶电气设备主要由副柴油机发电系统供电，另一部分电气设备由太阳能光伏发电系统供电。发电机主要负责为主机、锚机和舵机等大型设备供电。太阳能光伏发电系统主要为照明系统、生活用电设备、报警系统等供电，如果将这部分电能进行逆变和转换后，还可以用来控制甲板机械等。通过合理选择主柴油机、副柴油机、辅助锅炉和光伏发电系统以及风帆助航系统的参数，在减少渔船营运过程中碳排放的基础上，还可以实现渔船动力装置建造成本和营运成本的降低。

1.5.1 渔船动力装置的用能结构优化模型构建

1.5.1.1 目标函数

为了实现渔船的低碳节能，需要考察渔船全生命周期内的碳排放量。相比较而言，由于船舶营运阶段的碳排放最多，因此将渔船整个服务年限内的碳排量作为目标函数，表示为

$$\min E_{\mathrm{GHG}}(N_D, N_f, D_g, S_S, S_W) \tag{1.29}$$

1.5.1.2 设计变量

选取主机功率 N_D、副机功率 N_f、锅炉蒸发量 D_g、太阳能电池的安装面积 S_S 和风帆的面积 S_W 为设计变量，表示为

$$X=[N_D, N_f, D_g, S_S, S_W] \tag{1.30}$$

1.5.1.3 约束条件

（1）经济性约束。采用净现值对渔船动力装置进行经济性分析时，保证渔船的初始投资以及光伏发电系统和风帆助航系统的初始投资能在期望年限内回收，表示为

$$n_{\mathrm{DPB}}-n_q \leqslant 0 \tag{1.31}$$

式中：n_q 为期望回收年限。

（2）推进力的平衡约束。

$$T_P+T_w-R=0 \tag{1.32}$$

式中：T_P 为螺旋桨的推力；T_w 为风帆的推力；R 为渔船阻力。

（3）电站功率的平衡约束。

$$N_f+N_S-P_0=0 \tag{1.33}$$

式中：P_0 为渔船的电站负荷功率。

（4）边界约束。

$$\begin{cases} S_S \leqslant S_{S\max} \\ S_W \leqslant S_{W\max} \end{cases} \tag{1.34}$$

式中：$S_{S\max}$ 为渔船上考虑甲板布置等限制的太阳能光伏电池面积最大值；$S_{W\max}$ 为风帆面积的最大值。

1.5.2 基于遗传算法的渔船动力装置用能结构优化求解

约束优化问题的求解（Constrained Optimization Problems，COPs）[25] 主要有确定性算法和随机性算法。确定性算法，如梯度法、外点及内点惩罚函数法、拉格朗日法和序列二次规划法等，需要函数的梯度信息和设置初值点，对于函数不可导、可行域不连通甚至无显式函数表达的问题，则无法求解。随机性算法主要包括进化算法（Evolutionary Algorithms，EAs）、模拟退火（Simulated Annealing，SA）算法、禁忌搜索（Tabu Search，TS）等。进化算法是一种模拟自然进化过程的全局优化方法，借用生物进化理念，通过选择、交叉、变异等机制来提高个体的适应性。模拟退火算法利用统计力学中物质退火过程与优化问题求解的相似性，采用 Metropolis 接受准则并适当控制温度的下降过程实现模拟退火，从而达到求解全局优化问题的目的。禁忌搜索是对局部邻域搜索的一种扩展，是一种全局逐步寻优的启发式搜索方法。它通过设置禁忌表和禁忌对象来避免迂回搜索，并采用藐视准则来放松禁忌策略。相比较而言，进化算法具有有向随机性，基于群体的搜索技术，鲁棒性强，搜索效率高，更适合于求解复杂约束优化问题。

遗传算法（Genetic Algorithm，GA）受生物进化学说和遗传学说的启发，由美国 Michigen 大学的 John Holland 教授正式提出。它体现了自然界生物从低级、简单，到高级、复杂的漫长而绝妙的进化过程。遗传算法在本质上是一种不依赖具体问题的高效并行全局搜索方法，已成功地应用于工程优化、模式识别和图像处理等诸多领域。

1.5.2.1 约束条件处理

在实际工程设计中，绝大多数是带有约束条件问题。如何正确处理约束条件对于搜索机制的正常发挥是非常重要的。遗传算法中处理约束的方法主要有罚函数法、拒绝法、修补法和分离法。这里，为了方便直接采用拒绝法。

1.5.2.2 个体编码和适应值函数

采用实编码遗传算法解决渔船动力装置的用能结构优化问题时，染色体即为设计变量 X，基因即 X 的一个元素，适值函数即目标函数，用来评价染色体的优劣。在满足约束条件的情况下，适值小（目标函数小）的染色体将用于繁殖。

1.5.2.3 选择操作

选择过程就是挑选优秀个体而淘汰劣质个体的过程，即优胜劣汰，从而得到新的父辈解群。通常采用的方法是轮盘赌选择法、分享方法、锦标赛选择法和竞争选择法等。在选择过程中，由于交叉和变异产生的新个体不一定是优于父辈的，把父辈的个体也作为其子辈一同参与选择过程，以确保在求解过程中最优秀的个体不丢失。假如种群规模为 M，交叉和变异操作后产生的个体规模为 N。按照适应值的大小将（$N+M$）个体重新排队，先选取 $P(P<M)$ 个适应值小的个体无条件地进入下一代；然后从剩下的（$N+M-P$）个个体中随机地选择出（$M-P$）个个体进入下一代。这样，既可以提高遗传算法的收敛速度又可以保证种群的多样性。

1.5.2.4 交叉操作

采用算术交叉算子，交叉概率为 p_c。交叉概率的选择直接影响算法的收敛性，p_c 越大，新个体产生的速度越快，但是精英个体结构破坏的可能性也越大。设染色体 X_1 和 X_2 被选来参与交叉构造新种群，后代染色体 X'_1 和 X'_2 表示为

$$\begin{cases} X'_1=\lambda X_1+(1-\lambda)X_2 \\ X'_2=\lambda X_2+(1-\lambda)X_1 \end{cases},\quad \lambda\in(0,1) \tag{1.35}$$

1.5.2.5 变异操作

变异是在个体的基因串中改变一个或几个基因以达到产生新个体的目的。实数编码中，主要有非均匀变异、有向变异和高斯变异。

这里，采用非均匀变异算子，变异概率为 p_m。变异概率的选择也直接影响算法的收敛性，p_m 选取得太大，就变成了纯粹的随机搜索算法，太小则不易产生新的个体。对于给定的父亲 $X=[x_1,\ x_2,\ \cdots,\ x_d]$，设元素 $x_i\in[x_i^L,\ x_i^U]$ 被选出作变异，x_i^L 和 x_i^U 分别是 x_i 的下上限，则生成的后代 $X'=[x_1,\ \cdots,\ x'_i,\ \cdots,\ x_d]$，$x'_i$ 随机地表示为

$$x'_i=\begin{cases} x_i+\Delta(t,x_i^U-x_i), & \text{随机数}>0.5 \\ x_i-\Delta(t,x_i-x_i^L), & \text{随机数}\leqslant 0.5 \end{cases} \tag{1.36}$$

式中：t 为迭代次数；y 取值为（$x_i^U-x_i$）或者（$x_i-x_i^L$），函数 $\Delta(t, y)$ 给出[0，y]中的一个值，使得其随着 t 的增加而趋于0。可选取如下的函数：

$$\Delta(t,y)=yr\left(1-\frac{t}{T}\right)^b \tag{1.37}$$

式中：r 为[0，1]中的随机数；T 为最大迭代数；b 为确定非均匀度的参数。

1.5.2.6 终止准则

玄光南、张文修等分别进行了遗传算法的收敛性和收敛速度研究[26-27]，但目前遗传算法的终止准则基本上都是启发式的，根据迭代次数、计算时间来判断，或者根据解的质量方面来确定等。

基于遗传算法的渔船动力装置用能结构优化求解，其优化过程如下：

(1) 确定种群规模 M（整数），并随机产生 M 个染色体组成初始种群。

(2) 计算染色体的适值函数。

(3) 重复。

1) 根据交叉概率 p_c 作交叉操作。

2) 根据变异概率 p_m 作变异操作。

3) 计算染色体的适值函数。

4) 选择操作，比较染色体的适值，产生新的种群。

(4) 检查终止准则是否满足。

第 2 章 渔船船机桨网的工况与匹配优化

渔船推进装置是渔船动力装置的重要组成部分，由主柴油机（主机）、传动设备及轴系和推进器组成。渔船推进装置工作时，主机发出的机械能，由传动轴系传送给螺旋桨，螺旋桨把机械能转换成水动力能，克服船和网的运动阻力，保证渔船正常航行生产。渔船推进装置的能量转换模型如图 2.1 所示。渔船推进装置的工作，实际上就是船机桨网之间能量的平衡和匹配过程。为了提高推进装置的技术性能、经济性能和节能性能，除了要合理选择

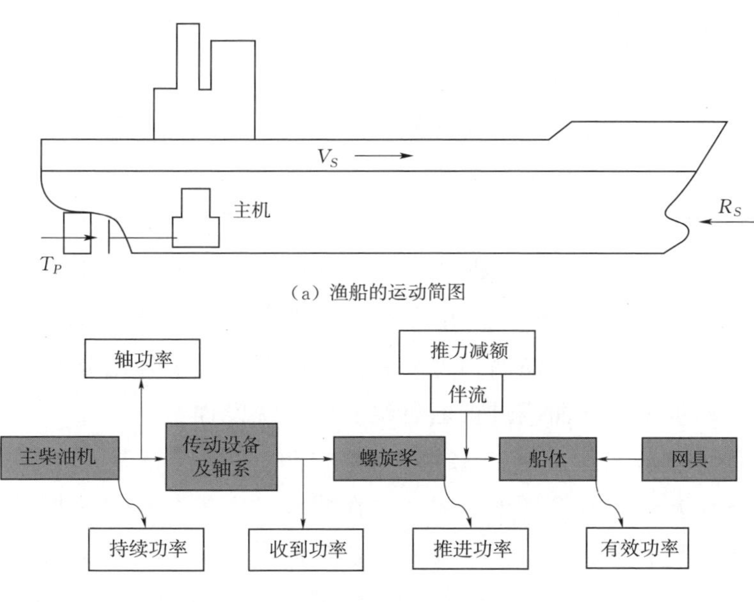

(b) 渔船推进装置的功率传递过程

图 2.1 渔船推进装置的能量转换模型

或设计优良的船型、机型、桨型和网具之外，也要合理选择设计工况，同时还要对变工况进行最佳匹配设计。

目前，国内外许多学者对船舶推进装置的仿真、优化方面进行了研究。孙建波等[28-30] 构建了大型低速柴油机动力装置的稳态和准稳态实时仿真模型。ARENDT[31] 应用专家系统进行船舶动力系统的辅助设计。谭峰等[32-33] 分别采用遗传算法进行了船机桨的匹配优化研究。李二强等[34] 基于Simulink和Matlab GUI实现了船机桨模型之间的匹配运行并设计了用于模型演示和控制的用户控制台。黄振华等[35] 基于船机桨基本理论，以某远洋特种船舶动力系统实际运行参数为依据，讨论分析了该船动力系统在工作工况下的船机桨配合情况。黄瑶瑶[36] 研究了螺旋桨负载特性，并以实船为研究对象，进行了船舶倒车工况下的船机桨工作状态仿真。王宸[37] 建立了推进系统集成化设计平台，并进行了非设计工况下主机-螺旋桨匹配特性的研究。詹志刚等[38-39] 将航行工况和机桨匹配同时考虑，建立了船舶主推进系统机桨匹配设计工况的优化选择模型。刘海强等[40] 编写了船舶机桨匹配设计与分析计算平台。马永杰[41] 在船舶平面操作运动数学模型的基础上，模拟不同海况下的船舶运动并实现船机桨系统的匹配及仿真。杨龙霞[42] 对现有风帆助航船舶和现有帆翼类型、空气动力特性进行了系统研究，在此基础上选定目标船并对其机桨帆的匹配计算进行了研究。黄文超等[43-44] 基于船机桨匹配理论模型，采用Chebyshev多项式对螺旋桨特性曲线进行数值模拟，对双速比渔船在多工况下的运行特性进行了仿真研究。陈志明[45] 分析了当前渔船节能减排存在的一些主要问题，提出从动力装置优化匹配角度出发的节能减排设计和措施。崔哲[46] 通过螺旋桨设计理论，采用实验测出的可调螺距螺旋桨的敞水特性，进行船舶机桨匹配研究。严谨等[47] 结合船舶轴功率—转速特性图，对实现渔船动力装置优化配置进行了理论分析。刘超等[48] 直接利用系列敞水性征曲线进行船机桨匹配系统设计。

本章首先根据渔船的船机桨网配合原理，建立船机桨网的运动平衡方程、动力平衡方程和能量平衡方程，并在此基础上进行船机桨网的动态仿真分析；其次，基于渔船的航行工况特征，构建渔船动力装置的设计工况优化模型，并采用混合罚函数方法进行优化模型求解；最后，以渔船推进系统的效率为目标函数，构建渔船的船机桨网匹配优化模型，采用基于粒子群的改进遗传算法实现船机桨的特性参数的合理选配。

2.1 渔船推进装置的类型

渔船柴油机动力装置，按其推进系统传动方式不同，可分为直接传动推进装置、减速传动推进装置、双机并车减速传动推进装置、多机多桨传动推进装置、柴油机电力推进装置、可调桨传动装置等几种型式，如图 2.2 所示。

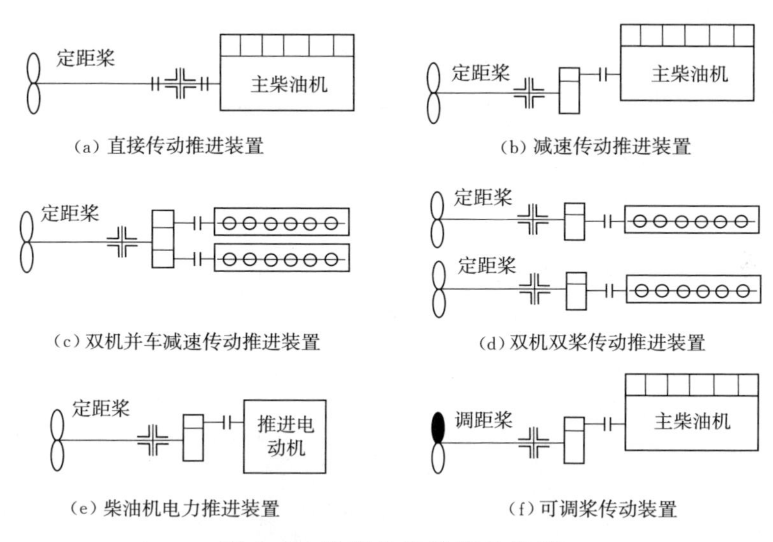

图 2.2 渔船推进装置的类型

拖网渔船[49] 通过拖曳网具在海底（海水中层）滑行，将渔获物驱集入网而捕获，如图 2.3 所示。在往返渔场和转移渔场时，要求以最大自由航速航行，以便快速赶赴渔场捕鱼和返回渔港卸鱼；拖网作业时，在一定拖网速度下发出最大的拖力，以便增加拖网扫海面积，增大渔获的概率；起网和放网航行时，要求微速推进，避免网具卷入螺旋桨，并保持良好的网具形状。因此，国外广泛采用柴油机＋传动设备＋调距桨的推进型式；国内主要采用柴油机＋双速比齿轮箱＋定距桨的推进型式。

围网渔船[50] 作业时围绕鱼群放出长带形网具，通过快速回转航行使网具在水中垂直展开呈圆形围壁，收绞括纲封锁网底，迫使鱼群进入网具的取鱼部而达到捕捞的目的，如图 2.4 所示。围网渔船动力装置要有良好的回转性和机动性，回转半径小，并且能及时调整网形和船位，因此，国内外一般采用柴油机＋减速齿轮箱＋定距桨，并设置艏艉部横向推进装置，提高其回转性能。

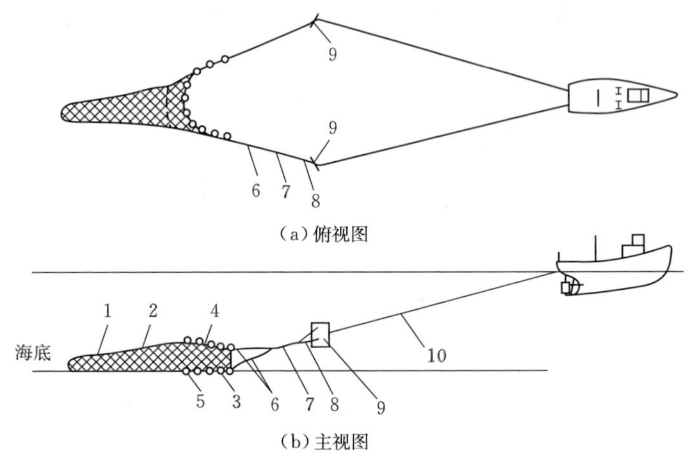

图 2.3　拖网渔船作业示意

1—网囊；2—网身；3—网袖；4—浮子纲；5—沉子纲；6—上、下空纲；7—手纲；8—网板叉纲；9—网板；10—曳纲

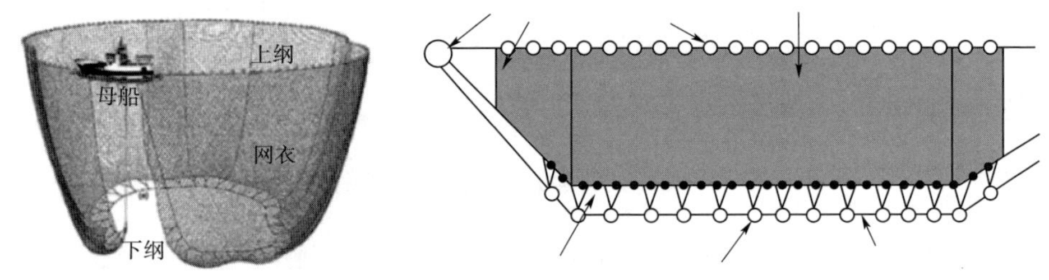

图 2.4　围网渔船作业示意

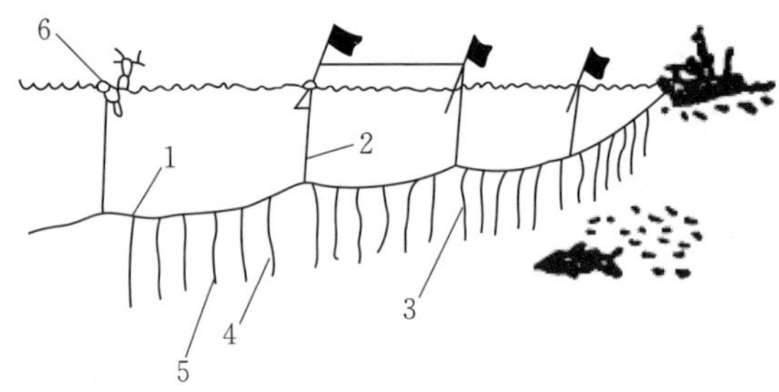

图 2.5　延绳钓渔船作业示意

1—干绳；2—浮绳；3—支绳；4—钓线；5—钓钩及钓饵；6—浮子

钓鱼船根据作业方式和捕捞对象不同，主要有延绳钓和鱿鱼钓等钓鱼船。延绳钓鱼船延绳吊具由数十条干绳连成一体，干绳端通过浮绳系有浮子和信号旗子，干绳上连接若干支绳，支绳下端连接钓线，钓线连接钓钩，如图 2.5 所示。延绳钓鱼船在放钓、巡钓和起钓作业中，必须经

常转向、回航和低速迂回航行，因此延绳钓渔船动力装置应具有较好的回转性能，航向稳定性好，且有微速推进要求，主推进装置常采用柴油机＋传动设备＋调距桨，或者柴油机＋减速齿轮箱＋定距桨。鱿鱼钓鱼船通过艉帆和海锚控制船的方位，如图 2.6 所示。由于鱿鱼具有趋光性，需要采用灯光诱鱼，消耗大量电能，柴油发电机组功率与主机功率相当，甚至比主机功率还要大，一般采用柴油机＋减速齿轮箱＋定距桨的推进型式。

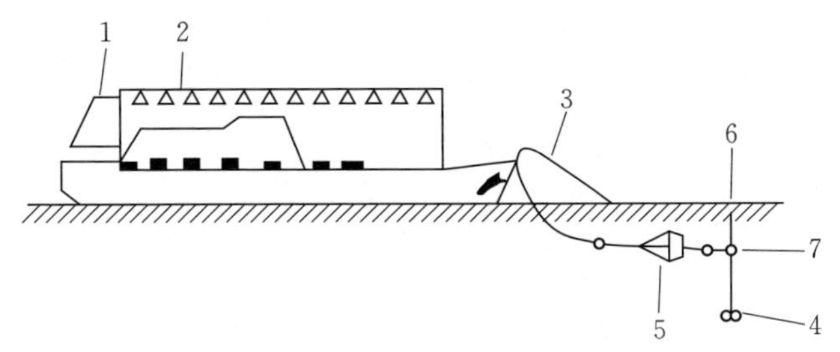

图 2.6　鱿鱼钓渔船作业示意

1—艉帆；2—水上集鱼灯；3—阻力伞浮子绳；4—阻力伞沉子；5—阻力伞；6—浮子；7—转环

流刺网渔船网具上方有浮子，下方有沉子，随着风、浪、流在水中与船一起漂移，如图 2.7 所示。将数十片甚至上百片矩形网片连接成长带形，作业时将其放置于一定流向的水流中，使渔获物被刺挂在网眼中或缠绕在网衣上达到捕捞目的。由于网具不必拖曳，也不需要拖网绞机，主机功率相对较小，一般也采用柴油机＋减速齿轮箱＋定距桨的推进型式。

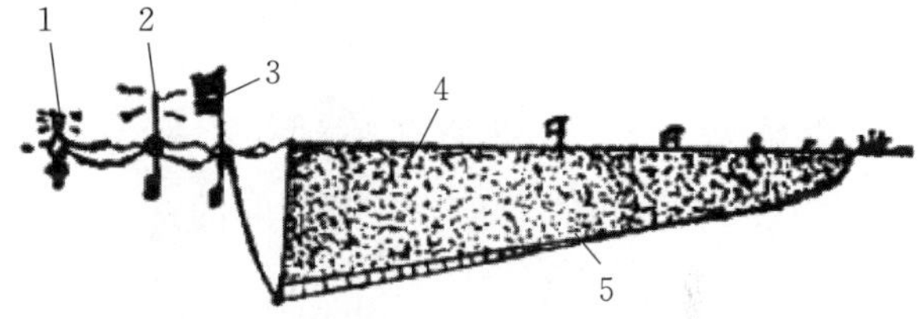

图 2.7　流刺网渔船作业示意

1—浮标灯；2—无线电浮标；3—信号旗；4—浮子纲；5—沉子纲

2.2　渔船推进装置的建模和动态仿真

2.2.1　渔船船机桨网匹配的数学模型

根据船舶动力学相关理论，渔船平动系统的动力学方程表示为

$$(m_S + m_{\text{hydro}}) \frac{\mathrm{d}V_S}{\mathrm{d}t} = T_P - F_P - R_S \tag{2.1}$$

式中：V_S 为渔船航速；m_S 为渔船质量；m_{hydro} 为船体在流体中运动引起的附加质量；T_P 为螺旋桨推力，$T_P = K_T \rho n_P^2 D_P^4$，$K_T$ 为螺旋桨的推力系数，ρ 为水的质量密度，n_P 为螺旋桨转速，D_P 为螺旋桨直径；F_P 为推力减额，$F_P = tT_P$，t 为推力减额系数；R_S 为船舶阻力，与船舶的载重、风浪等因素以及渔网、渔具等拖带负载有关，自由航行时 $R_S = cV_S^2$，c 为阻力系数，考虑拖网渔船，则拖网航行时还包括网具阻力 R_t，表示为

$$R_t = k_t L_t C_t \mathrm{V}_t^{1.5} (d/a)_t \tag{2.2}$$

式中：k_t 为配备系数；$(d/a)_t$ 为网线直径与网脚长度之比；L_t 为拖网全长；C_t 为拖网围长；V_t 为网具相对拖速。

远洋渔船转动系统的动力学方程表示为

$$\frac{\pi}{30} I \frac{\mathrm{d}n_D}{\mathrm{d}t} = M_D - M_P \tag{2.3}$$

式中：I 为推进装置的当量转动惯量（已考虑附着水的影响）；n_D 为柴油机转速；M_D 为柴油机输出转矩，$M_D = \dfrac{1000 H_u i g_c \eta_e}{\pi \tau}$，$H_u$ 为燃油的低发热值，i 为气缸数，g_c 为每循环喷油量，τ 为冲程数，η_e 为柴油机的指示效率；M_P 为螺旋桨负荷转矩。根据船舶的螺旋桨理论，螺旋桨负荷转矩表示为

$$M_P = K_Q \rho n_P^2 D_P^5 \tag{2.4}$$

式中：K_Q 为螺旋桨的转矩系数。

推力系数 K_T 和转矩系数 K_Q 均为螺旋桨的进速系数 J 和螺距角 θ（对于调距桨）的函数，$J = V_P/(n_P D_P)$，V_P 为螺旋桨进速。考虑伴流作用的影响，螺旋桨的进速与船速之间的关系表示为：$V_P = (1-w)V_S$，w 为伴流系数。

通常无法用解析式表达 K_T、K_Q 与 J 和 θ 间的关系，而是需要利用查阅螺旋桨图谱获得，螺旋桨图谱由模型试验绘制，目前各国发表的螺旋桨图谱很多，以荷兰的 B 系列螺旋桨和日本的 AU 系列螺旋桨应用最为广泛。其中 AU 系列又分为 AU 型、AU_w 型、MAU 型、MAU_w 型和 NAU 型。

对于 MAU 型螺旋桨，选用 $\sqrt{B_P}-\delta$ 图谱作为设计图谱，该螺旋桨的最佳设计要素表达为[51]

$$\begin{cases} H/D_P = a/B_P^{0.5} + bB_P^{0.5} \times 10^{-2} + c \\ \eta_0 = aB_P \times 10^{-3} + bB_P^{0.5} \times 10^{-2} + c \\ \delta_P = a/B_P^{0.5} + bB_P^{0.5} + c \end{cases} \tag{2.5}$$

式中：H/D_P 为螺旋桨的螺距比；η_0 为螺旋桨最佳效率；δ_P 为螺旋桨直径系数；a、b、c 为回归系数，具体取值见表 2.1；B_P 为功率系数，$B_P = \dfrac{n_P N_P^{0.5}}{V_P^{2.5}}$，$N_P$ 为螺旋桨的收到功率，n_P 为螺旋桨转速，V_P 为螺旋桨进速。

表 2.1　　MAU 型螺旋桨的回归系数

MAU 型螺旋桨	螺旋桨最佳效率 η_0			螺旋桨的螺距比 H/D			螺旋桨直径系数 δ_P		
	a	b	c	a	b	c	a	b	c
MAU3-35	2.253	−7.438	0.982	2.232	1.464	0.194	−90.159	7.949	42.133
MAU3-50	2.507	−7.704	0.964	1.336	−0.722	0.536	−18.408	9.456	17.825
MAU4-40	2.126	−6.831	0.914	1.609	0.090	0.389	−38.649	8.785	24.604
MAU4-55	2.518	−7.478	0.922	1.785	0.002	0.411	−35.285	8.780	22.674
MAU4-70	2.007	−6.384	0.853	2.192	0.630	0.319	−46.122	8.511	25.306

对于 B 系列螺旋桨，同样选用 $B_P-\delta$ 图谱，该螺旋桨的最佳设计要素表达为

$$\begin{cases} H/D_P = a/B_P + bB_P \times 10^{-4} + c \\ \eta_0 = aB_P^2 \times 10^{-5} + bB_P \times 10^{-3} + c \\ \delta_P = a/B_P + bB_P + c \end{cases} \tag{2.6}$$

式中：a、b、c 为回归系数，具体取值见表 2.2。

表 2.2　　B 系列螺旋桨的回归系数

B 系列螺旋桨	螺旋桨最佳效率 η_0			螺旋桨螺距比 H/D_P			螺旋桨直径系数 δ_P		
	a	b	c	a	b	c	a	b	c
B3-35	2.856	−5.919	0.769	4.577	1.828	0.470	−1007.5	1.801	214.09
B3-50	1.988	−4.815	0.720	3.550	−3.966	0.535	−1519.4	1.622	234.46
B3-65	2.246	−4.931	0.669	4.541	−12.311	0.665	−1185.1	1.772	198.78
B4-40	3.909	−6.807	0.771	4.643	−21.354	0.595	−873.7	3.363	178.60
B4-55	2.572	−5.465	0.707	8.134	1.643	0.447	−1916.1	1.525	234.75
B4-70	2.104	−4.970	0.694	3.941	−15.091	0.709	−1176.1	1.746	195.81

上述最佳螺旋桨设计是从最佳效率曲线着手，不能表示最佳曲线以外的部分，因此这些表达式无法满足设计工作的需要。陈可越[52] 分别对 B 系列和 AU 型螺旋桨按进速系数 J、螺距比 H/D_P、盘面比 A_E/A_0 和叶片数量 Z 进行了回归分析。B 系列螺旋桨的回归表达式为

$$K_T=\sum_{n=1}^{39}C_{s,t,u,v}^{1}J^{s}(H/D_P)^{t}(A_E/A_0)^{u}Z^{v} \tag{2.7}$$

$$K_Q=\sum_{n=1}^{47}C_{s,t,u,v}^{2}J^{s}(H/D_P)^{t}(A_E/A_0)^{u}Z^{v} \tag{2.8}$$

式中：$C_{s,t,u,v}^{1}$、$C_{s,t,u,v}^{2}$ 为回归多项式的系数，s、t、u、v 为指数的回归值。

对于 AU 型螺旋桨，上海交通大学对 AU 型螺旋桨试验资料进行了回归分析比较，由于整个系列中包含了并不完全相似的子系列，在分析中发现按不同叶片数分别进行回归分析的精确度较高，因此，所发表资料是按各个不同叶片数进行回归分析的结果。其回归多项式表达为

$$K_T=\sum_{i=0}^{n_1}\sum_{j=0}^{n_2}\sum_{k=0}^{n_3}A_{ijk}(H/D_P)^{i}J^{j}(A_E/A_0)^{k} \tag{2.9}$$

$$10K_Q=\sum_{i=0}^{n_1}\sum_{j=0}^{n_2}\sum_{k=0}^{n_3}B_{ijk}(H/D_P)^{i}J^{j}(A_E/A_0)^{k} \tag{2.10}$$

式中：A_{ijk}、B_{ijk} 为回归系数；i、j、k 为指数的回归值。AU 型四叶螺旋桨的回归分析结果其回归系数见表 2.3 和表 2.4。

为了防止当 $n=0$ 时，J 出现无穷大的情况，对螺旋桨推力公式 $T_P=K_T\rho n_P^2D_P^4$ 和转矩公式 $M_P=K_Q\rho n_P^2D_P^5$ 进行改写，即

$$T_P=C_T\rho D_P^2R^2 \tag{2.11}$$

$$M_P=C_Q\rho D_P^3R^2 \tag{2.12}$$

式中：R 为进速三角式，$R=\sqrt{V_P^2+n_P^2D_P^2}$；$C_T$ 为推力系数，$C_T=K_T\cos^2\varphi$，$\varphi=\arctan J$；C_Q 为转矩系数，$C_Q=K_Q\cos^2\varphi$。这样，即使 J 取无穷大时，φ 也为有限值。

表 2.3　　AU 型四叶螺旋桨回归系数 A_{ijk}

n	A_{ijk}	i	j	k
0	−0.2536277E−01	0	0	0
1	−0.2072556E+00	0	1	0
2	0.5724472E+00	1	0	0

续表

n	A_{ijk}	i	j	k
3	0.1939063E+00	2	0	9
4	−0.2890781E+00	0	2	2
5	−0.1074432E+01	1	2	2
6	−0.2131741E+00	2	0	0
7	0.2703334E+00	2	0	1
8	0.1870137E−01	3	1	0
9	0.9646077E+00	0	3	3
10	−0.2029306E+00	0	4	3
11	0.1305797E−02	7	0	1
12	−0.523468E−01	0	0	1
13	−0.1710635E+00	0	2	0
14	0.7317558E+00	1	2	1
15	−0.1049158E+00	1	0	2
16	0.6117029E−01	5	1	3
17	−0.1214246E+00	0	3	1
18	−0.5872456E−02	7	2	1
19	−0.1525986E+00	1	1	1
20	0.1006423E−02	7	4	1
21	−0.8940443E−01	4	0	3

表 2.4　　AU 型四叶螺旋桨回归系数 B_{ijk}

n	B_{ijk}	i	j	k
0	0.3899004E−01	0	0	0
1	0.2886616E+00	2	0	0
2	0.9977187E−01	1	1	0
3	0.7850744E+00	2	0	1
4	0.1847187E+00	0	2	2

续表

n	B_{ijk}	i	j	k
5	−0.6893466E−01	3	0	0
6	0.9402823E+00	0	3	3
7	−0.4649396E+00	1	2	2
8	−0.5417402E+00	0	4	3
9	0.1052512E+00	3	2	1
10	−0.3419544E+00	1	0	3
11	−0.2585986E+00	0	4	0
12	0.3239788E−01	6	1	1
13	−0.5742804E−01	2	3	0
14	−0.7892603E+00	1	1	1
15	−0.5324799E+00	0	2	1
16	0.4870383E−02	3	3	0
17	0.3483905E+00	1	4	1
18	0.3204546E−01	4	3	0
19	0.54739315E−02	7	4	3
20	0.1084547E−01	5	0	1
21	−0.1448536E+00	4	3	1
22	0.2210349E+00	1	3	0
23	−0.5244457E−01	4	1	0
24	0.3545902E+00	0	1	3
25	−0.1878683E−01	6	0	2

2.2.2 基于SIMULINK的船机桨网配合的仿真模型

2.2.2.1 阻力子系统模型

应用MATLAB/SIMULINK模块，输入阻力系数 c、船速 V_S，输出船舶阻力 R_S，则阻力子系统模型如图2.8所示。

2.2.2.2 船速子系统模型

输入船舶阻力 R_S、螺旋桨有效推力 T_e 和船舶质量 m，输出船速 V_S，则船速子系统模型如图 2.9 所示。

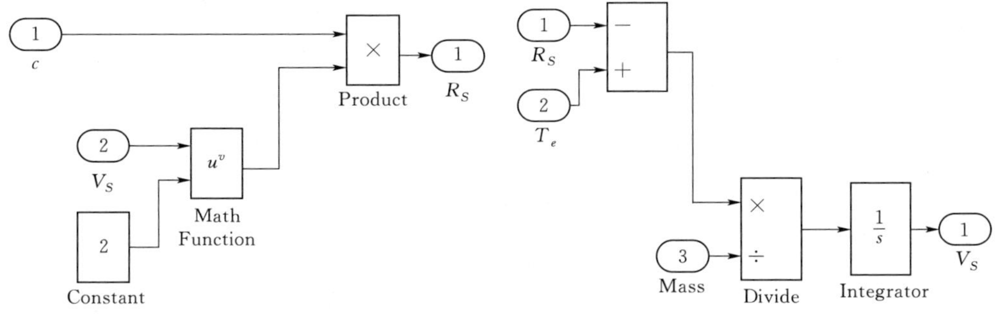

图 2.8 阻力子系统模型　　图 2.9 船速子系统模型

2.2.2.3 推力减额子系统模型

根据推力减额公式 $T_e=(1-t)T_P$，输入螺旋桨推力 T_P、推力减额系数 t，输出有效推力 T_e，则推力减额子系统模型如图 2.10 所示。

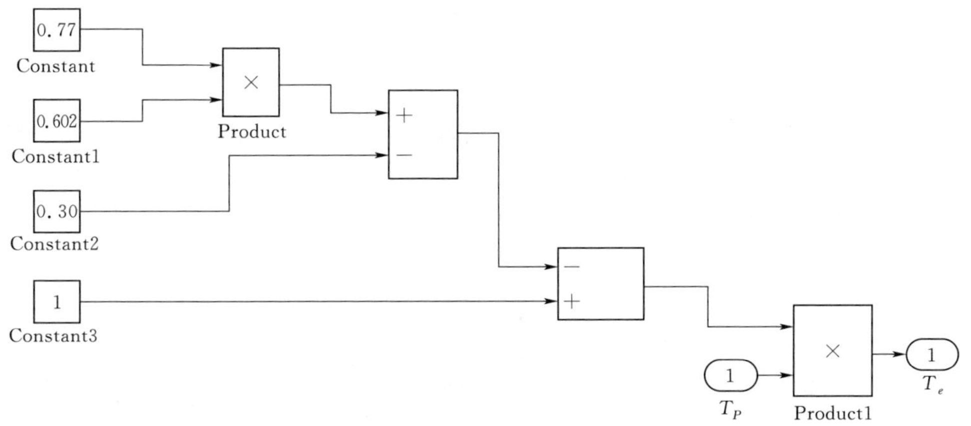

图 2.10 推力减额子系统模型

2.2.2.4 进速系数子系统模型

根据进速系数公式 $J=V_P/(n_P D_P)$，输入螺旋桨进速 V_P、直径 D_P 和转速 n_P，输出进速系数 J，则进速系数子系统模型如图 2.11 所示。

2.2.2.5 推力子系统模型

根据螺旋桨的推力公式（2.11），输入海水密度 ρ、螺旋桨进速 V_P、修

正推力系数 C_T、螺旋桨的直径 D_P 和转速 n_P，输出螺旋桨推力 T_P，推力子系统模型如图 2.12 所示。

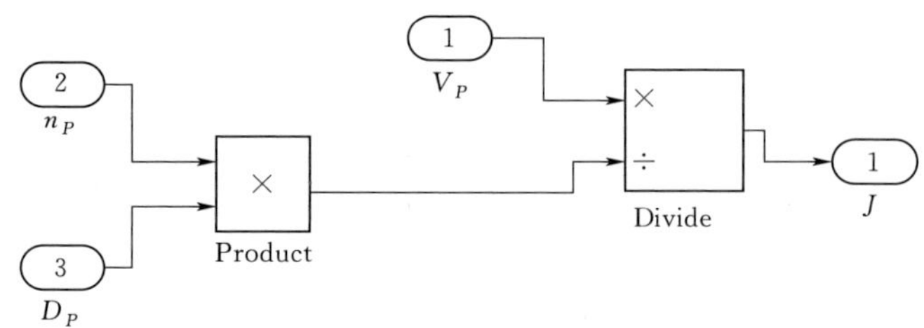

图 2.11　进速系数子系统模型

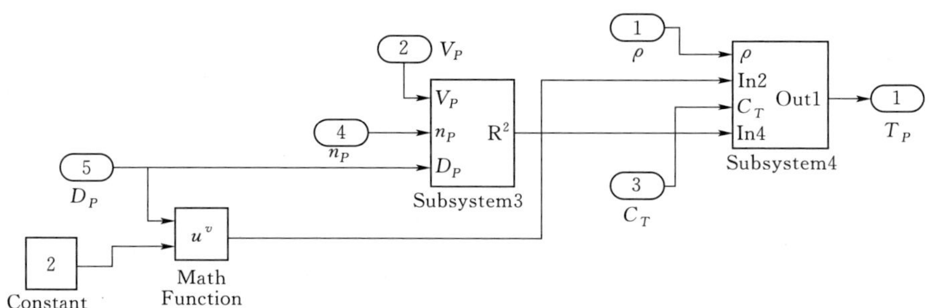

图 2.12　推力子系统模型

2.2.2.6　转矩子系统模型

根据螺旋桨的推力公式（2.12），输入海水密度 ρ、螺旋桨进速 V_P、修正转矩系数 C_Q、螺旋桨的直径 D_P 和转速 n_P，输出螺旋桨推力 T_P，推力子系统模型如图 2.13 所示。

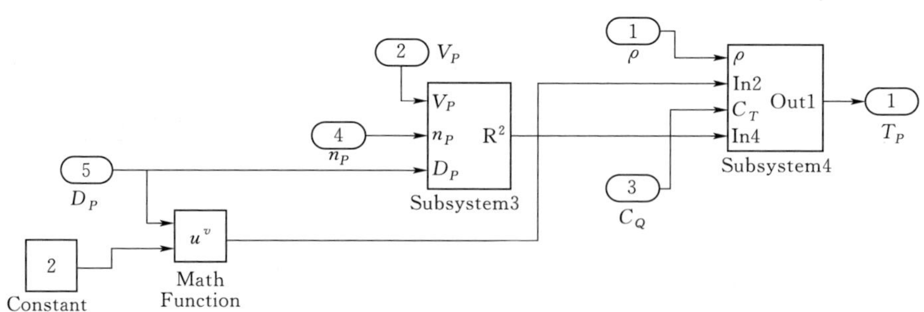

图 2.13　转矩子系统模型

根据渔船的平动方程式（2.1）和转动方程式（2.3），在各子系统模型的基础上，可以得到渔船船机桨网配合的仿真模型，如图 2.14 所示。

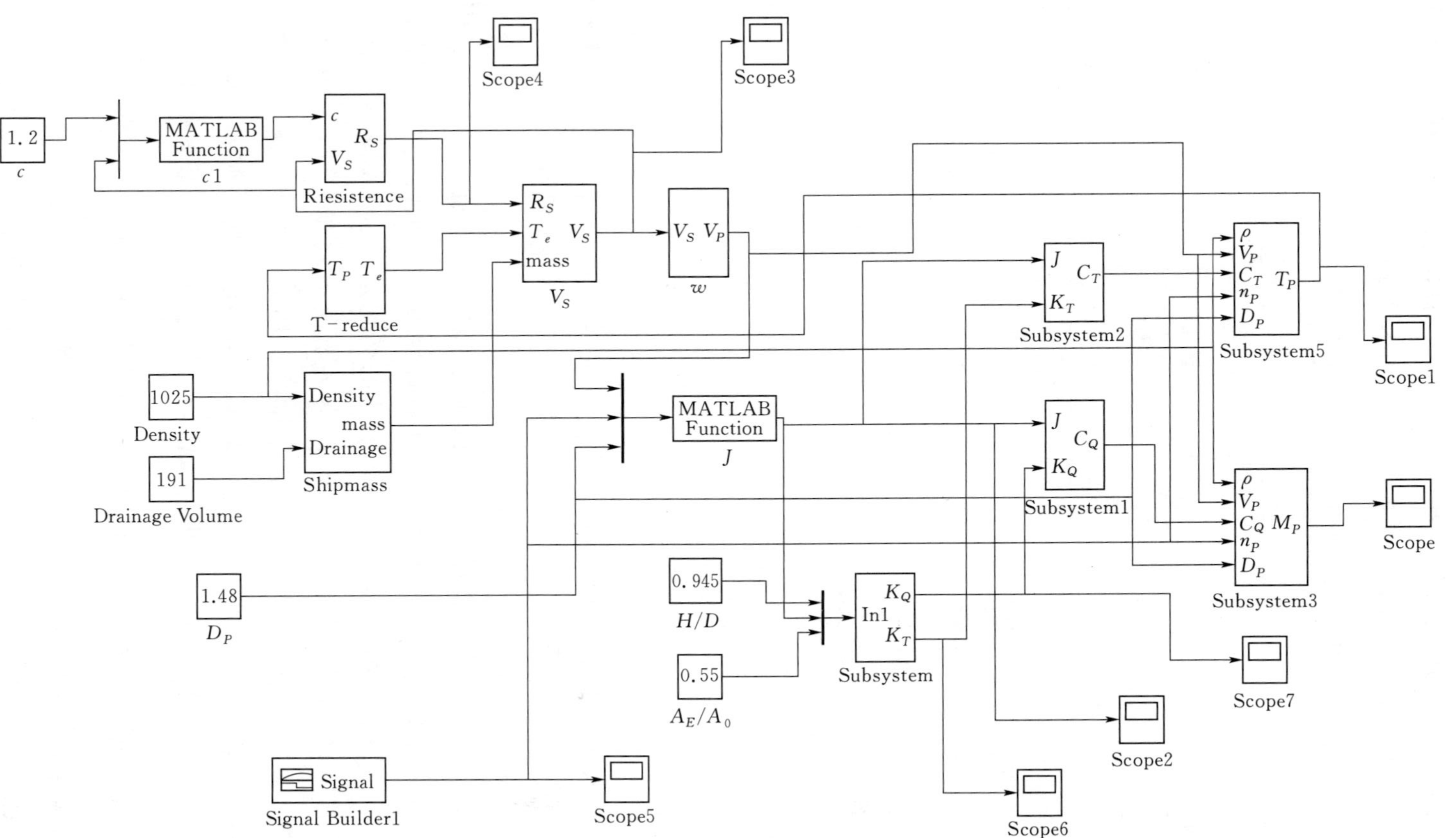

图 2.14 基于 MATLAB/SIMULINK 的远洋渔船的船机桨网配合的仿真模型

采用 M8101 型 119 总吨拖网渔船进行仿真试验，以验证仿真模型的正确性。船型参数见表 2.5，仿真结果如图 2.15 和图 2.16 所示。

表 2.5　　M8101 型 119 总吨拖网渔船的原型数据

参　数	数　值	参　数	数　值
设计型排水体积	191m³	螺旋桨直径	1.48m
螺距比	0.945	盘面比	0.55
设计航速	11.3kn	拖速	4kn
螺旋桨最高转速	5.32r/s	续航力	2700n mile

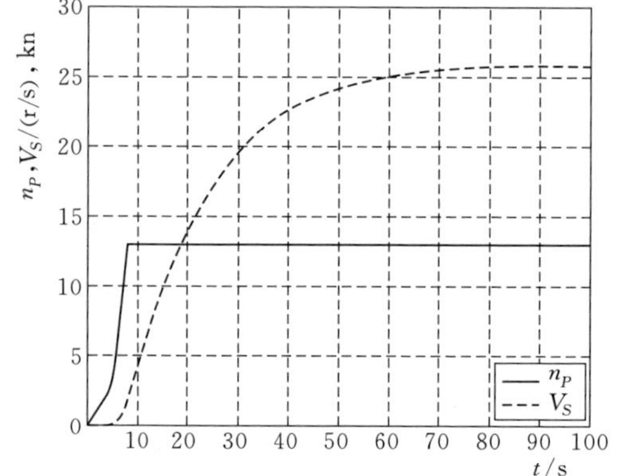

图 2.15　螺旋桨转速和船舶航速与时间的关系

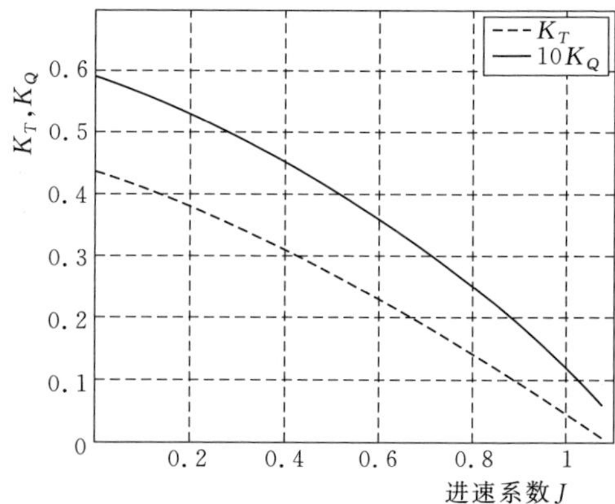

图 2.16　推力系数与转矩系数和进速系数的关系

由图 2.15 可以看出，初始螺旋桨转速为 0，此后螺旋桨的速度急剧上升，到第 8s 后螺旋桨的速度为 13r/s，此后直至第 100s 的时间里一直保持该转速不变。因为船舶存在巨大的惯性，船速的变化是滞后于螺旋桨转速变化的，船速在 0～2.2s 的时间内为 0，从 2.2s 左右开始逐步上升，到 70s 时上升到 25.5kn 左右，之后基本趋于稳定。由图 2.16 可以看出，推力系数和转矩系数随着进速系数的增加呈下降趋势，其结果与敞水螺旋桨模型试验结果吻合，所建模型准确，其仿真精度比较高，可用于渔船推进装置仿真分析。

2.2.3　拖网渔船的船机桨网配合的工况动态仿真实例

2.2.3.1　直接启动工况仿真

采用 M8101 型 119 总吨拖网渔船（表 2.5）进行直接启动工况仿真，仿真结果如图 2.17 和图 2.18 所示。由图 2.17 和图 2.18 可以看出，当船舶采用直接启动时，螺旋桨转矩将会从 0 突然跃升至 120kN·m，之后逐渐降低，到第 100s 后趋于稳定。这种情况表示柴油机过载了，对船舶柴油机是十分有害的，在运营船舶时应该避免这种状况的发生。

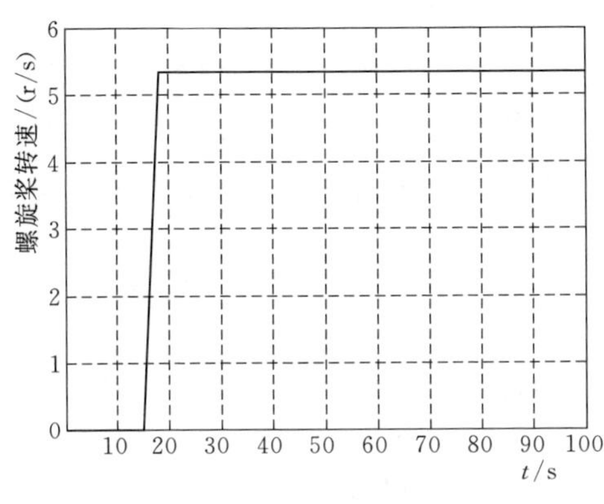

图 2.17 螺旋桨转速曲线

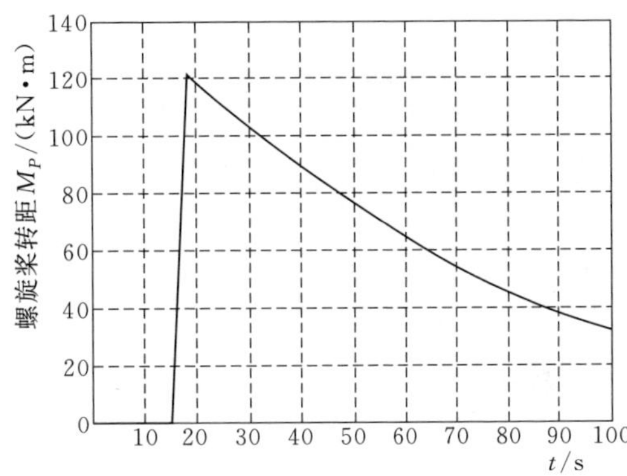

图 2.18 螺旋桨转矩曲线

2.2.3.2 逐级启动工况仿真

采用逐级启动加速，拖网渔船的转速变化规律见表 2.6，拖网渔船的螺旋桨转速、航速、阻力和螺旋桨转矩的仿真结果分别如图 2.19～图 2.21 所示。

表 2.6　　拖网渔船的转速变化规律

序号	时间/s	转速/(r/s)	备　注
1	0～20	0	船舶停港静止状态
2	20～26	0～1	第一级加速
3	26～126	1	船舶转速稳定在 1r/s
4	126～135	1～3.4	第二级加速
5	135～368	3.4	船舶转速稳定在 3.4r/s
6	368～410	3.4～5.32	第三级加速
7	410～800	5.32	船舶正常航行，转速稳定在 5.32r/s
8	800～1200	5.32～2	船舶到达渔场，开始逐步减速
9	1200～3000	2	船舶进行作业，以微速航行

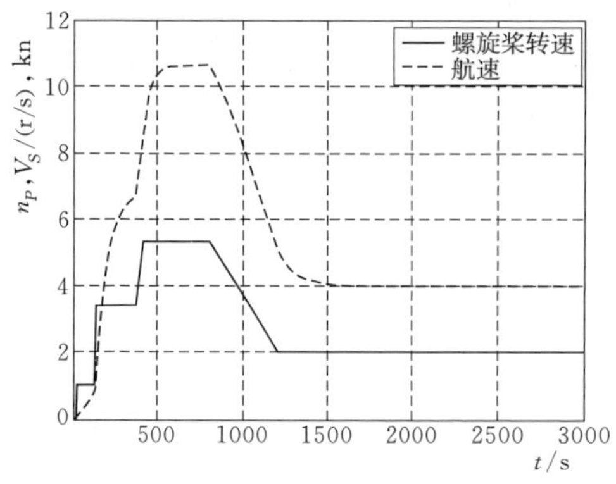

图 2.19　螺旋桨的转速与航速曲线

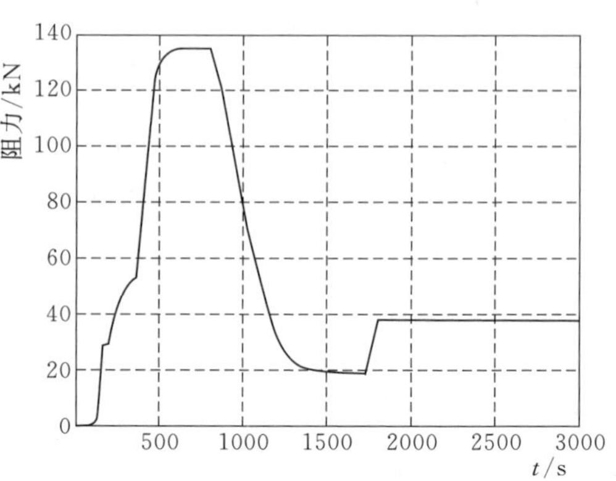

图 2.20　渔船的阻力曲线

从图 2.19 和图 2.20 可以看出，拖网渔船的航速与转速一样，呈分级变化的规律，从 0～128s，渔船的航速从 0kn 逐渐提升到 0.682kn，渔船阻力则由 0 上升到 1.2kN；第 128～368s，为第二级加速，渔船航速由 0.682kn 提至 6.67kn，渔船阻力由 1.2kN 上升到 53.3kN；第 368～600s，渔船作第三级加速，航速由 6.67kn 提升至最大航速 10.63kn，之后稳定在这一航速，船舶的阻力则稳定在 135kN 上下，从最大航速来看，与原型渔船的设计航速 11.3kn 相差不到 1kn，仿真的精度较高；第 800～1531s，渔船到达预定渔场，航速由 10.63kn 逐渐降低，渔船阻力也呈下降趋势；第 1531～3000s，渔船航速稳定在设计拖速 4kn，以微速航行作业，值得注意的是，在第 1740s 时渔船的阻力突然增大，这主要是因为渔船于此时抛下网具开始作业，导致阻力增大。最后渔船阻力保持在 38kN。整个过程中，渔船的航速变化稍滞后于转速的变化，这是由于渔船存在较大惯性的原因。

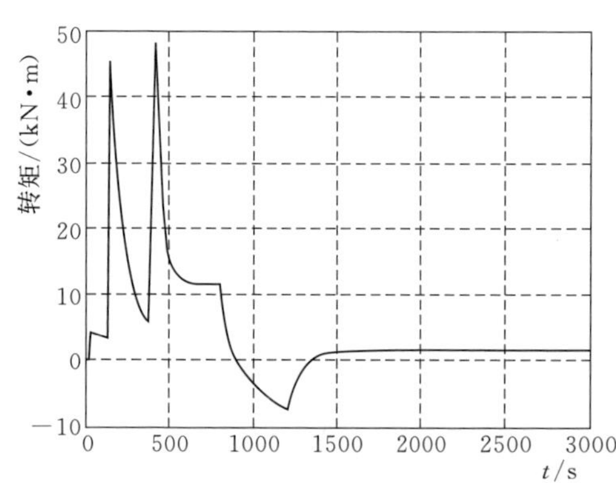

图 2.21　螺旋桨的转矩曲线

从图 2.21 螺旋桨的转矩曲线来看，渔船的转矩在 0～600s 范围内也历经三个突变，与转速和航速的变化规律相对应，之后转矩不断下降，到 895s 后出现负值，表现在船舶上则为产生反向的推力，使渔船减速，最后由于转速稳定在 2r/s，转矩逐渐回升，保持在 1700N·m。

2.3 渔船船机桨网的设计工况优化

2.3.1 双速比减速传动推进装置的配合特性[53]

拖网渔船的主要航行工况有自由航行和拖网航行两种，自由航行时要求以最大自由航速航行，拖网航行时发出最大的拖力，因此，采用双速比减速传动推进装置，通过合理选择减速比，使主机功率在两种航行工况下均能得到充分发挥和利用。

当以自由航行作为设计工况时，双速比减速传动推进装置的配合特性如图 2.22 所示。图中横坐标表示航速，纵坐标表示功率，n_{P1} 表示自由航行时螺旋桨的转速，n_{P2} 表示拖网航行时螺旋桨的转速，曲线Ⅰ、Ⅱ分别为自由航行、拖网航行推进特性，线 1 和线 2 分别为螺旋桨转速为 n_{P1}、n_{P2} 时的等转矩特性曲线。在设计工况时机桨匹配点在 A 点，相应的航速为 V_A，功率为 $N_H(N_A)$。拖网航行时，总阻力增加，推进特性曲线变陡，如曲线Ⅱ所示，等转矩特性线 1 与曲线Ⅱ相交于 B 点，$N_B<N_H$，$V_B<V_A$，部分功率未发挥出来，航速减低。如果将螺旋桨转速从 n_{P1} 减少到 n_{P2}，等转矩特性线 2 与曲线Ⅱ相交于 C 点，功率为 $N_H(N_C)$，航速为 V_C。

当以拖网航行作为设计工况时，双速比减速传动推进装置的配合特性如图 2.23 所示。图中横坐标表示航速，纵坐标表示功率，n_{P1} 表示自由航行

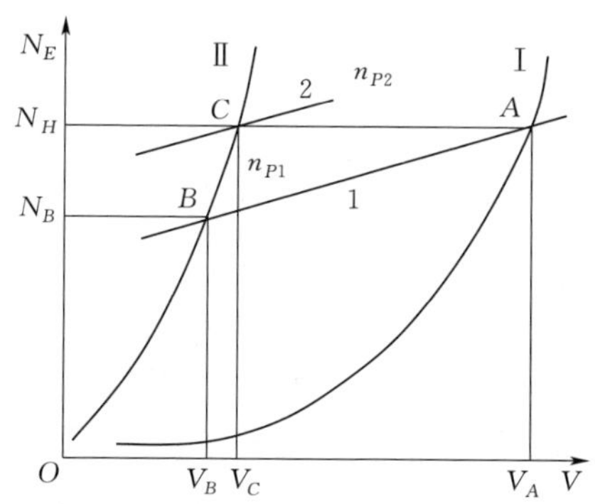

图 2.22 双速比减速传动推进装置的配合特性（自由航行）

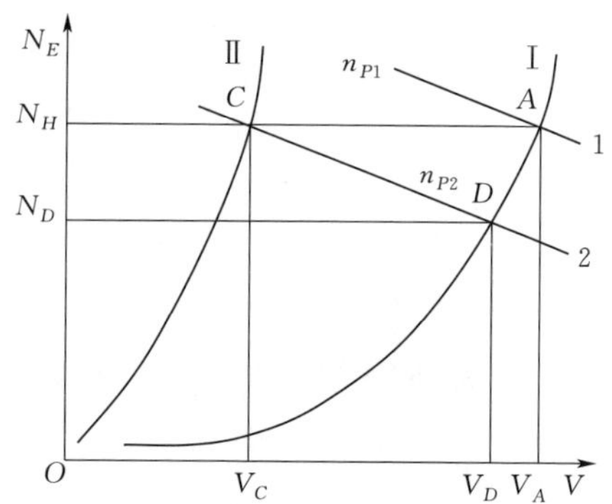

图 2.23 双速比减速传动推进装置的配合特性（拖网航行）

时螺旋桨的转速，n_{P2} 表示拖网航行时螺旋桨的转速，曲线Ⅰ、Ⅱ分别为自由航行、拖网航行推进特性，线1和线2分别为转速为 n_{P1}、n_{P2} 的等转矩特性曲线。在设计工况时机桨匹配点在 C 点，相应的航速为 V_C，功率为 $N_H(N_C)$。自由航行时，总阻力减少，推进特性曲线变平缓，如曲线Ⅰ所示，等转矩特性线2与曲线Ⅰ相交于 D 点，$V_C<V_D$，尽管航速略有提升，但是未能达到最大航速；$N_D<N_H$，部分功率未发挥出来。如果将螺旋桨转速从 n_{P2} 提高到 n_{P1}，等转矩特性线1与曲线Ⅰ相交于 A 点，功率为 $N_H(N_A)$，航速为 V_A。

2.3.2 渔船船机桨网的设计工况优化模型构建

双速比减速传动推进装置的设计工况优化，实质是根据主机输出功率 N_D、主机转速 n_D 和船体有效功率 $N_E=f(V)$，保证自由航行时航速最大或拖网工况时拖力最大情况下，求解螺旋桨的最佳参数以及在自由航行和拖网航行时的最佳转速。由前述分析可知，螺旋桨的直径、转速、螺距比、进速和收到功率是相互关联的，当收到功率和进速（航行工况）不变时，螺旋桨的直径和转速存在着最佳匹配问题。船机桨网的匹配优化问题见2.4，这里假定螺旋桨的参数已定，则设计工况优化问题转化为全部吸收主机功率的情况下，求解自由航行时的最大航速及相应的螺旋桨转速，或者拖网航行时的最大拖力及相应的螺旋桨转速，进而合理选择减速比。

当选用自由航行作为设计工况时，以自由航行时的航速 V_S 为目标函数，螺旋桨的转速 n_P 为设计变量，则双速比减速传动推进装置设计工况优化模型表示为

$$\begin{cases}\max V_S \\ \text{s. t. } N_T=N_E \\ T_{拖} \geqslant T_0 \\ n_{P1} \leqslant n_P \leqslant n_{P2}\end{cases} \tag{2.13}$$

式中：$T_{拖}$ 为拖网航行时的有效拖力；T_0 为有效拖力的最小限定值；n_{P1}、n_{P2} 分别为设计航速取值的上下限；N_T 为螺旋桨推进功率；N_E 为船舶有效功率。

当选用拖网航行作为设计工况时，以拖网航行时的有效拖力 $T_{拖}$ 为目标函数，螺旋桨转速 n_P 为设计变量，则双速比减速传动推进装置设计工况优

化模型表示为

$$\begin{cases} \max\ T_{拖} \\ \text{s. t.}\ \ N_T = N_E \\ V_S \geqslant V_0 \\ n_{P1} \leqslant n_P \leqslant n_{P2} \end{cases} \tag{2.14}$$

式中：V_0 为自由航速的最小限定值。

2.3.3 基于混合罚函数法的设计工况优化求解

根据船机桨的匹配原理，自由航行时的船速 V_S、拖网航行时的有效拖力 $T_{拖}$ 都可以表示成螺旋桨转速 n_P 的函数，即 $V_S = f_1(n_P)$，$T_{拖} = f_2(n_P)$，因此采用混合惩罚函数法[54] 进行渔船船机桨的设计工况优化模型求解。

式（2.13）和式（2.14）可以统一表示为带不等式约束和等式约束的非线性问题：

$$\begin{cases} \min\ f(X) \\ \text{s. t.}\ g_u(X) \leqslant 0 \quad u = 1,2,\cdots,m \\ h_v(X) = 0 \quad\quad v = 1,2,\cdots,p \end{cases} \tag{2.15}$$

式中：X 为设计变量；$g_u(X)$ 为不等式约束函数；m 为不等式约束函数的数量；$h_v(X)$ 为等式约束函数；p 为等式约束函数的数量。

采用混合惩罚函数法，构建辅助函数为

$$\Phi(X, r^k) = f(X) - r^k \sum_{u=1}^{m} \frac{1}{g_u(X)} + \frac{1}{\sqrt{r^k}} \sum_{v=1}^{p} [h_v(X)]^2 \tag{2.16}$$

式中：r^k 为惩罚因子。

假定螺旋桨的参数已知，设计变量即螺旋桨转速 n_P。采用有限差分方法，则辅助函数关于螺旋桨转速 n_P 的敏度近似为

$$\nabla\Phi(n_P^k) = \frac{\Phi(n_P^k + \delta n_P) - \Phi(n_P^k)}{\delta n_P} \tag{2.17}$$

混合罚函数法的计算步骤如下：

（1）给出初始点 n^0、收敛精度 ε、初始惩罚因子 r^0 和惩罚因子递减系数 c，设 $k=0$。

（2）构造惩罚函数 $\Phi(n^k, r^k)$。

（3）求解无约束最优化问题：$\min \Phi(n^k, r^k)$，设 $i=0$。

1）取负梯度方向 $S_i^k = -\nabla\Phi\ (n_i^k)$。

2）沿方向 S_i^k 找出合适的步长 a_i^k。

3）得到新点 $n_{i+1}^k = n_i^k + a_i^k S_i^k$。

4）终止判断：若满足条件 $\left|\dfrac{\Phi(n_{i+1}^k,\ r^k) - \Phi(n_i^k,\ r^k)}{\Phi(n_i^k,\ r^k)}\right| \leqslant \varepsilon$，则 $n^* = n_{i+1}^k$，转到（4）；否则，令 $i=i+1$，转到（1）。

（4）令 $r^{k+1} = r^k/c$，$k=k+1$，转到（2）。

2.3.4 渔船船机桨网的设计工况优化实例

某拖网渔船，已知主机额定功率为 600kW，额定转速为 1000r/min；减速箱效率 $\eta_G = 0.96$，轴系传递效率 $\eta_c = 0.97$，伴流系数 $w = 0.193$，推力减额系数 $t = 0.173$，相对旋转效率 $\eta_r = 1$；采用 MAU 型四叶螺旋桨，外旋布置，螺旋桨直径 $D_P = 1.95$m，螺距比 $H/D_P = 0.7$，盘面比 $A_E/A_0 = 0.65$。拖网航速取 4kn。渔船有效功率 N_E 与航速 V_S 的关系见表 2.7。螺旋桨转速 $n_P = 200 \sim 500$r/min。分别以自由航行和拖网航行为设计工况，确定减速箱的最佳减速比。

表 2.7　　渔船有效功率与航速的关系

航速 V_S/kn	9.88	10.64	11.40	12.16	12.92	13.68
有效功率 N_E/kW	105.4	153.0	218.4	305.0	369.8	501.2

将渔船有效功率 N_E 与航速 V_S 的数据（表 2.7）进行三阶多项式拟合，拟合曲线表示为：$N_E = 2.4V_S^3 - 72.8V_S^2 + 801.4V_S - 3043.6$。

螺旋桨敞水收到功率：$N_D = 600\eta_G\eta_c = 558.72$kW。

螺旋桨有效推力功率：$N_T = N_D\eta_h\eta_O\eta_r = 572.58\eta_O$kW。

功率系数：$B_P = \dfrac{n_P N_D^{0.5}}{V_P^{2.5}} = \dfrac{n_P N_D^{0.5}}{[(1-w)V_S]^{2.5}}$，得到 $V_S = \sqrt[2.5]{B_P n_P N_D^{0.5}}\ /\ (1-w)$。

采用混合罚函数法，以自由航行为设计工况时，构建辅助函数 $\Phi(n_P,\ r^k) = V_S(n_P) + \dfrac{1}{\sqrt{r^k}}\ [N_T(n_P) - N_E(n_P)]^2$；以拖网航行为设计工况时，构建辅助函数 $\Phi(n_P,\ r^k) = T_{拖}(n_P) + \dfrac{1}{\sqrt{r^k}}\ [N_T(n_P) - N_E(n_P)]^2$。初始惩罚因子 $r^0 = 1$ 和惩罚因子递减系数 $c = 1/2$，分别以自由航行和拖网航行为设计

工况的优化结果见表2.8。

表2.8 分别以自由航行和拖网航行为设计工况的优化结果

设计工况	自由航行减速比	拖网航行减速比	自由航行最大航速/kn	拖网航行最大拖力/N
自由航行	3.15	3.65	12.78	23422
拖网航行	2.86	3.43	11.96	24530

显然，当选用自由航行作为设计工况时，在自由航行时获得最大航速，拖网航行时具有较大拖力；当选用拖网航行作为设计工况时，在自由航行时只能获得较大航速，拖网航行时才能获得最大拖力。这样，同时保证渔船在两种航行工况下充分发挥和利用主机功率。冯振林[55] 提出在拖网渔船双速比齿轮箱的匹配设计中，应以追求拖力为首要目标，比追求自由航速的设计有较好的经济效益。

2.4 渔船船机桨网的匹配优化

渔船船机桨网的匹配优化问题，就是在已知设计航速和船舶的有效功率特性情况下，通过选取合适的主柴油机和螺旋桨性能参数，达到渔船推进系统的效率最大。通常，船舶在设计工况下航行时，主机发挥正常功率，螺旋桨的效率也比较高，即船体、螺旋桨和主机之间的配合状态最佳或较佳。由前述介绍（2.3）可知，螺旋桨的直径 D_P、转速 n_P、螺距比 H/D_P 和进速系数 J 相互关联，即船机桨网的匹配优化与设计工况的选择耦合在一起。如果选择自由航行作为设计工况，自由航速可取得最大值，但拖网拖力较最佳值（拖网航行为设计工况）偏低；如果选择拖网航行作为设计工况，拖网拖力可以取得最大值，但自由航速会比最佳值（自由航行为设计工况）略低。

2.4.1 渔船船机桨网的匹配优化模型构建

2.4.1.1 目标函数

在给定条件下，求出一个最佳敞水效率的螺旋桨从而使螺旋桨的收到功率 N_P 最小的情况下船舶达到设计航速 V_S（设计拖力 $T_{拖}$），表示为

$$\min N_P = N_e/(\eta_c \eta_r \eta_h \eta_o) \tag{2.18}$$

其中
$$\eta_o = \frac{T_P V_P}{M_P 2\pi n_P} = \frac{K_T}{K_Q}\frac{J}{2\pi} \tag{2.19}$$

式中：η_c 为轴系传递效率；η_r 为相对旋转效率；η_h 为船身效率；η_o 为螺旋桨的敞水效率。

在推进因子（伴流系数 w 和推力减额系数 t）和轴系传递效率 η_c、相对旋转效率 η_r、船身效率 η_h 不变的情况下，目标函数等价于：

$$\min 1/\eta_o = \frac{K_Q}{K_T}\frac{2\pi}{J} \tag{2.20}$$

2.4.1.2 设计变量

选取螺旋桨转速 n_P、直径 D_P、螺距比 H/D_P 和盘面比 A_E/A_0 作为设计变量，表示为

$$X = [n_P, D_P, H/D_P, A_E/A_0] \tag{2.21}$$

2.4.1.3 约束条件

（1）力平衡约束（拖网航行为设计工况时）：

$$K_T - \frac{T_{拖}}{(1-t)\rho n_P^2 D_P^4} = 0 \tag{2.22}$$

（2）速度平衡约束（自由航行为设计工况时）：

$$\frac{J n_P D_P}{1-w} - V_S = 0 \tag{2.23}$$

（3）螺旋桨空泡约束。空泡是螺旋桨桨叶表面某处水压力低于水的饱和蒸汽压力时，水汽化而聚集在该处表面的气泡。空泡对螺旋桨的性能和强度都将产生不利影响，因此螺旋桨设计时必须检查是否发生空泡。

根据柏利尔空泡限界曲线，空泡约束表示为

$$\tau_c - \tau_c' \leqslant 0 \tag{2.24}$$

其中

$$\tau_c = 8K_T / \left\{ \left[\pi^3 \times 1.067 \times 0.49 \times \left(1 - \frac{0.229}{1.067} H/D_P\right) \right] \left[1 + \left(\frac{1}{0.7\pi}\right)^2 J^2 \right] (A_E/A_0) \right\}$$

$$\tau_c' = \begin{cases} \exp[-0.0453(\ln\sigma_{0.7R})2 + 0.5311\ln\sigma_{0.7R} - 1.3112] & \sigma_{0.7R} \leqslant 0.4 \\ \exp(0.5611\ln\sigma_{0.7R} - 1.3202) & \sigma_{0.7R} > 0.4 \end{cases}$$

$$\sigma_{0.7R} = (p_0 - p_v) / \{0.5\rho[(0.7\pi n_P D_P)^2 + V_S^2(1-w)^2]\}$$

式中：τ_c 为螺旋桨的推力系数；τ_c' 为从柏利尔空泡限界曲线查得的平均推力系数；$\sigma_{0.7R}$ 为螺旋桨在其 0.7R 处的空泡数；p_0 为桨轴中心处的静压力，

$p_0 = p_a + \rho g h$，p_a 为大气压力；ρ 为水的密度；g 为重力加速度；h 为螺旋桨轴线处的浸没深度；p_v 为汽化压力。

（4）边界约束：

$$\begin{cases} D_{P\min} \leqslant D_P \leqslant D_{P\max} \\ n_{P\min} \leqslant n_P \leqslant n_{P\max} \\ (H/D_P)_{\min} \leqslant (H/D_P) \leqslant (H/D_P)_{\max} \\ (A_E/A_0)_{\min} \leqslant (A_E/A_0) \leqslant (A_E/A_0)_{\max} \end{cases} \tag{2.25}$$

2.4.2 基于粒子群的改进遗传算法

渔船的船机桨网匹配优化模型中，既含有等式约束，又含有不等式约束，谭峰等[32-33] 采用遗传算法进行船舶推进系统船机桨匹配优化设计，由于遗传算法容易陷入局部极值解而出现早熟现象，同时收敛速度比较慢，因此，将粒子群算法和遗传算法相结合，保证种群的多样性。粒子群算法与遗传算法有很多共同之处：两者都是随机生成初始化种群，使用适应值来评价个体的优劣程度以及进行一定的随机搜索，粒子群算法根据自己的速度来决定搜索，遗传算法则通过交叉和变异操作来实现种群的进化。

粒子群优化算法是 Eberhazrt 和 Kennedy 于 1995 年在研究鸟类和鱼类的群体行为基础上提出的一种进化算法，通过用无质量无体积的粒子作为个体，并为每个粒子规定简单的行为规则，从而使整个粒子群呈现出复杂的特性，以求解复杂的优化问题[56-57]。

假设 $x_k^i = (x_k^{i,1}, x_k^{i,2}, \cdots, x_k^{i,d})$ 为粒子 i 在第 k 次迭代时的位置，$v_k^i = (v_k^{i,1}, v_k^{i,2}, \cdots, v_k^{i,d})$ 为粒子 i 在第 k 次迭代时的速度，则第 $k+1$ 次迭代时粒子 i 的位置和速度矢量分别表示为

$$x_{k+1}^i = x_k^i + v_{k+1}^i \Delta t \tag{2.26}$$

$$v_{k+1}^i = w_p v_k^i + c_1 r_1 \frac{p_k^i - x_k^i}{\Delta t} + c_2 r_2 \frac{p_k^g - x_k^i}{\Delta t} \tag{2.27}$$

式中：x_{k+1}^i、v_{k+1}^i 分别为第 $k+1$ 次迭代时粒子 i 的位置和速度矢量；Δt 为时间步长；r_1、r_2 为区间 [0，1] 之间的随机数；p_k^i 为第 k 次迭代时粒子 i 的最优位置；p_k^g 为整个粒子群搜索到的最优位置；c_1、c_2 为加速因子；w_p 为惯性因子。

从式（2.27）可知，每个粒子的速度由三部分组成：第一部分为粒子先前的速度；第二部分为“认知”，表示粒子自身的思考；第三部分为“社会”

部分，表示粒子间的信息共享与相互合作。

基于粒子群的改进遗传算法，优化过程如下：

（1）确定粒子群（种群）规模 M（整数），并随机产生 M 个粒子（染色体）组成初始粒子群（种群）。

（2）计算粒子（染色体）的适值函数。

（3）重复。

1）粒子群迭代操作。

2）根据交叉概率 p_c 作交叉操作。

3）根据变异概率 p_m 作变异操作。

4）计算粒子（染色体）的适值函数。

5）生成并保存 p_k^i 和 p_k^g。

6）选择操作，比较粒子（染色体）的适值，产生新的粒子群（种群）。

（4）检查终止准则是否满足。

2.4.3 数值实例

以某拖网渔船为设计实例。已知主机额定功率为250kW，额定转速为1000r/min；拖网时有效拖力为23.4kN；伴流系数 $w=0.1743$；推力减额系数 $t=0.1543$；相对旋转效率 $\eta_r=1$；设计吃水为2m，轴线距基线为0.4m；桨径定为1.4m，AU型四叶螺旋桨，外旋布置；自由航行航速取10.18kn，拖网航速取4kn。按自由航行工况作为设计工况，$200\text{r/min}\leqslant n_P\leqslant 500\text{r/min}$，$0.5\leqslant H/D_P\leqslant 1.4$，$0.3\leqslant A_E/A_0\leqslant 1.05$。

采用基于粒子流的遗传算法进行船机桨网的匹配优化求解。参数选择如下：惯性因子 $w_p=0.8$；加速因子 $c_1=c_2=1$；交叉概率 $p_c=0.253$；变异概率 $p_m=0.18$。AU型四叶螺旋桨的推力系数 K_T 和转矩系数 K_Q 采用回归多项式来表达，见式（2.9）和式（2.10）。以螺旋桨的敞水效率为目标函数，船机桨网匹配优化的优化结果见表2.9，整个优化过程的迭代历史如图2.24所示。

表2.9　初始设计与优化设计结果

优化过程	转速 n_P /(r/min)	螺距比 H/D_P	盘面比 A_E/A_0	拖网全长 L_t /m	拖网围长 C_t /m	效率 η_o
初始设计	261	0.77	0.94			0.337
优化设计	209	0.69	1.05	40	253	0.641

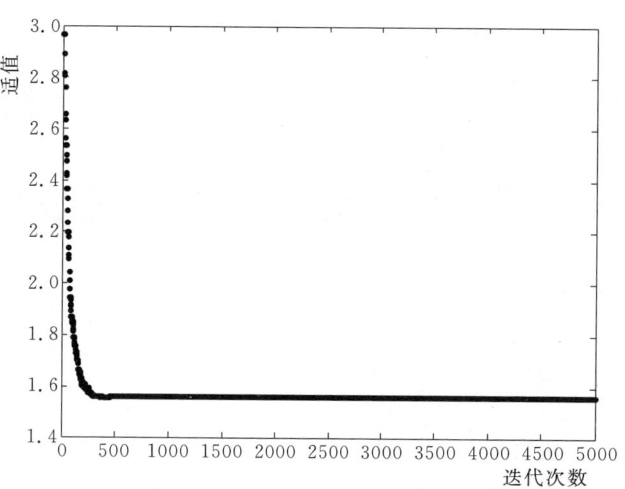

图 2.24 船机桨网匹配优化的迭代历史

从表 2.9 可以看出，通过合理选择螺旋桨转速 n_P、螺距比 H/D_P 和盘面比 A_E/A_0，实现了渔船推进系统的效率最大，由初始设计的 0.337 达到优化设计的 0.641。

第3章 氨水吸收式余热制冷系统优化

对于船用柴油机而言，柴油机燃料燃烧后产生的热量中仅有30%～45%的热量转变为机械能，约有25%～40%的热量由排气进入大气之中，25%～30%的热量由冷却水带走排至外界，而且柴油机排出的热气流温度高达400℃以上，柴油机工作时热损失很大。

国内外船用柴油机余热利用主要针对于余热加热、制淡、制冷以及透平发电等。RIGBY等[58] 应用柴油机余热加热压载水。蔡庆安[59] 模拟设计了蒸馏淡化海水装置。杨茜[60] 以发动机冷却水作为热源，设计了热管式海水淡化装置。裴晓斌[61] 通过试验得到了适用于特定船舶的海水淡化系统；徐涛等[62] 提出了船舶余热阶梯利用海水淡化系统设计方案。徐颖等[63] 采用试验手段进行真空膜蒸馏技术海水淡化装置研究。李成富[64] 针对某一远洋船舶，设计了包括蒸汽发生器、多效蒸发器和冷凝器以及其他零部件在内的船用海水淡化系统。王丽伟等[65-67] 研究了余热吸附式制冷系统。金苏敏等[68-72] 探讨了利用柴油机尾气驱动的吸收式制冷/制冰机技术。梅磊[73] 研究了船舶柴油机的余热发电系统，并针对蒸发器和冷凝器，进行了㶲分析和稳态热力学计算。李晓宁等[74] 分别对基本循环、缸套水预热循环和回热循环等三种船舶余热发电系统的热力性能与经济性能进行分析。刘长铖等[75] 基于主机试验数据和后续的理论计算，研究不同主机负荷和环境温度对余热利用系统发电功率、余热利用潜力及其相关参数的影响规律。曾维武等[76] 基于朗肯循环对三种余热回收方案的热性能进行了理论分析。

渔船的第一线保鲜是鱼品保鲜最关键的环节，需要携带大量的冰进行冷藏；而大、中型拖网冷冻和加工渔船，渔获物的冷冻温度为－18℃以下，都有强大的冷藏和冷冻能力需求，研究余热制冷系统对于回收低品位热能和提高经济效益都具有重要意义。相比较溴化锂而言，氨对生态环境没有破坏作用，在正常的工作温度范围内，氨的蒸发压力和冷凝压力适中，不会产生结晶[77]，国内外许多学者开展了氨水吸收式制冷方面的研究。OUADHA等[78] 和 SENCAN[79] 分别探讨了氨水吸收式制冷系统的热力学分析。杨思文[80] 发表了一系列论文，研究了氨水吸收式制冷系统的基础理论和设备计算。倪锦等[81-82] 构建了船用氨水吸收式制冰系统的数学模型和性能评价指标并进行试验研究。

本章在已有研究成果的基础上，进行了氨水吸收式余热制冷系统的优化设计。首先分析了柴油机余热特征和渔获物的保鲜冷冻需求。然后基于对比态吉布斯函数状态方程，对氨水吸收式制冷循环系统进行热力学分析，并确定发生器、冷凝器、蒸发器和吸收器等的状态参数；以热力系数和烟热力系数为氨水吸收式制冷系统的评价参数，并探讨热源温度、冷却水温度和制冷温度对其影响。最后，以各个设备的传热温差为设计变量，以烟热力系数为目标函数，构建了氨水吸收式制冷系统的优化模型并进行求解。

3.1 船用柴油机的余热分析

对于船用柴油机，热量损失主要包括柴油机排气带走的热量、冷却水带走的热量和其他热量损失。根据热力学第一定律，船用柴油机的能量方程表示为

$$Q_f = W + Q_r + Q_l + Q_s \tag{3.1}$$

式中：Q_f 为燃料燃烧产生的热量；W 为输出的机械能；Q_r 为排气带走的热量；Q_l 为冷却水带走的热量；Q_s 为其他散热损失。

3.1.1 柴油机的燃料和空气消耗

柴油机的燃料消耗量表示为

$$G_f = N_E g_e \times 10^3 \tag{3.2}$$

式中：G_f 为柴油机的燃料消耗量，kg/h；N_E 为柴油机的有效功率，kW；g_e 为柴油机的燃油消耗率，kg/(kW·h)。

柴油机的吸入空气量表示为

$$\begin{cases} G_a = G_f a L_{\min} \\ L_{\min} = (2.67C_p + 8H_p + S_p - O_p)/23 \end{cases} \tag{3.3}$$

式中：G_a 为柴油机的吸入空气量，kg/h；a 为过量空气系数；L_{min} 为燃烧 1kg 燃料理论上需要的空气量，kg/kg；C_p、H_p、S_p 和 O_p 分别为燃料中碳、氢、硫、氧的含量，%。

3.1.2 柴油机排气带走的热量

柴油机排气带走的热量表示为

$$Q_r = (G_f + G_a)C_r t_r - G_a C_a t_a \tag{3.4}$$

式中：Q_r 为柴油机在额定负载时排气带走的热量，kJ/h；C_r 为燃烧产物的比热，kJ/(kg・℃)；C_a 为空气的比热，kJ/(kg・℃)；t_a 为外界空气的温度，℃；t_r 为排气温度，℃。

由于排气的结露温度一般在 120～140℃范围以内，流出柴油机排气余热利用设备时最低排气温度则应不低于 150℃，否则将使管路和设备受到硫酸腐蚀，因此实际可利用的柴油机最大排气余热量为

$$Q_{r\max} = \frac{1}{3.6} G_r C_r (t'_r - t''_{r\min}) \tag{3.5}$$

式中：G_r 为排气质量流量，kg/h；t'_r为进入余热利用装置时柴油机排气温度，℃；$t''_{r\min}$为流出余热利用装置时的柴油机最低排气温度，℃。

3.1.3 柴油机冷却水带走的热量

柴油机冷却水带走的热量为

$$Q_l = \frac{1}{3.6} G_l C_l (t''_l - t'_l) \tag{3.6}$$

式中：Q_l 为冷却水带走的热量，kJ/h；G_l 为冷却水的流量，kg/h；C_l 为冷却水的比热，kJ/(kg・℃)；t''_l、t'_l分别为流出和流入柴油机的冷却水温度，℃。

3.2 渔船的保鲜冷冻需求

3.2.1 货物冷却的耗冷量

鲜蛋的冷却耗冷量表示为

$$Q_C=\frac{W_C(h_1-h_2)}{3600t_C} \tag{3.7}$$

式中：W_C 为冷藏间每日进货量，kg/d；h_1 为货物进入冷藏间初始温度时的焓值，kJ/kg；h_2 为货物在冷藏间内终止温度时的焓值，kJ/kg；t_C 为货物冷却时间，h。

对于水果、蔬菜等鲜活食品，除了计算冷却热量外，还要计算食品的呼吸热量。其冷却耗冷量表示为

$$Q_C=\frac{W_C(h_1-h_2)}{3600t_C}+\frac{W_C(q_1+q_2)}{2} \tag{3.8}$$

式中：q_1 为货物冷却初始温度时的呼吸热，kJ/(kg・s)；q_2 为货物冷却终止温度时的呼吸热，kJ/(kg・s)。

3.2.2　货物冻结的耗冷量

货物冻结过程分为三个阶段：货物从初始温度 t_1 冷却到开始冻结温度 t；货物在等温度 t 下冻结；冻结后的货物从温度 t 降到 t_2。工程计算时，通常采用计算冻结前后的焓值来确定其耗冷量，表示为

$$Q_C=\frac{W_C(h_1-h_2)}{3600t_C} \tag{3.9}$$

渔获物在冻结时需要加水，应计算水的热量。

3.2.3　货物冷藏的耗冷量

经过冷却或冻结后的货物进入冷藏间，货物的耗冷量表示为

$$Q_C=\frac{W_C(h_1-h_2)}{t_C}+\frac{W_C(q_1-q_2)}{2}+(W_n-W_C)q_2 \tag{3.10}$$

式中：W_n 为冷却物冷藏间的冷藏量，kg。

3.3　氨水吸收式余热制冷系统的热力学分析

氨水吸收式余热制冷系统如图 3.1 所示，由发生过程、冷凝过程、蒸发过程、吸收过程、热交换过程组成。其工作原理如下：

发生过程：发生器中的氨水溶液经柴油机排气、冷却水加热后，蒸发出的氨气进入精馏塔中提纯，得到浓度更高的氨气，精馏后剩余的稀溶液经溶

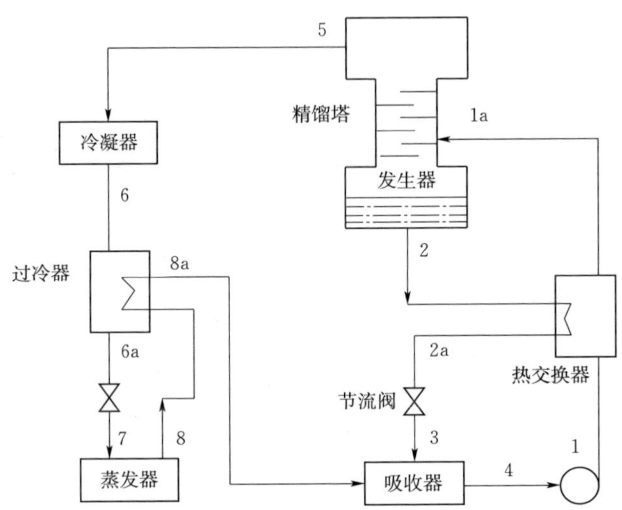

图 3.1 渔船氨水吸收式余热制冷系统的热力分析

1—发生器开始前状态；1a—浓溶液出溶液热交换器状态；2—发生器终态；2a—出热交换器状态；3—吸收前稀溶液状态（发生器出来经过热交换器）；4—吸收器终态；5—精馏塔顶状态；6—冷凝器终态；6a—出过冷器状态；7—节流后状态；8—蒸发器终态；8a—出过冷器状态

液热交换器进入吸收器内。

冷凝过程：从精馏塔出来（点 5）的氨气进入冷凝器中冷却，等压冷凝（点 6）成饱和液体。冷凝后的氨液通过过冷器，被从蒸发器出来的低温蒸汽过冷（点 6a），成为过冷液体，达到较低的温度，流经节流阀。

蒸发过程：经节流阀 T_1 的节流降压作用后，状态点是 7，氨液进入蒸发器内，吸收周围的热量，从而达到制冷的效应，完成制冷后（点 8），氨气经过冷器加热后变成状态点 8a。

吸收过程：来自发生器的稀溶液在吸收器中，吸收氨气（点 8a），等压放热，经冷却水冷却后变成低温低压的过冷浓溶液。

热交换过程：浓溶液经过氨液泵驱动，在溶液热交换器中，与来自发生器的稀溶液换热，最后进入发生器中。溶液热交换器构成了吸收器和发生器之间的内部热量传递通道，提高了热量利用率，降低了烟气的消耗量，充分利用了原本需要由冷却水带走的部分吸收热。

3.3.1 氨水溶液的热力性质

氨水溶液的热力性质数据，工程上大都是查阅有关热力性质图表进行手算，不方便进行氨水热力性质的模拟仿真。基于 SCHULZ 提出的对比态吉布斯函数状态方程[83]，通过数学推导得出氨水溶液的各对比态热力学参数，如温度 T、压力 P、焓值 H、质量比 x 和 y 等[84]。

纯物质气相的对比态吉布斯函数表示为

$$\begin{aligned} G_{\mathrm{R}}^{\mathrm{g}} = & H_0^{\mathrm{g}} - T_{\mathrm{R}} S_0^{\mathrm{g}} + \int_{T_0}^{T_{\mathrm{R}}} C_{P\mathrm{R}}^{ig} \mathrm{d} T_{\mathrm{R}} - T \int_{T_0}^{T_{\mathrm{R}}} \frac{C_{P\mathrm{R}}^{ig}}{T_{\mathrm{R}}} \mathrm{d} T_{\mathrm{R}} + T_{\mathrm{R}} \ln \frac{P_{\mathrm{R}}}{P_0} \\ & + C_1 T_{\mathrm{R}} (P_{\mathrm{R}} - P_0) + C_2 (P_{\mathrm{R}} - P_0) + C_3 \left(\frac{P_{\mathrm{R}}}{T_{\mathrm{R}}} + T \frac{P_0}{T_0^2} - 2 \frac{P_0}{T_0} \right) \end{aligned} \tag{3.11}$$

式中：$C_{P\mathrm{R}}^{ig} = D_1 + D_2 T_{\mathrm{R}} + D_3 T_{\mathrm{R}}^2$。

纯物质液相的对比态吉布斯函数表示为

$$\begin{aligned} G_{\mathrm{R}}^{\mathrm{f}} = & H_0^{\mathrm{f}} - T_{\mathrm{R}} S_0^{\mathrm{f}} + \int_{T_0}^{T_{\mathrm{R}}} C_{P\mathrm{R}}^{if} \mathrm{d} T_{\mathrm{R}} - T_{\mathrm{R}} \int_{T_0}^{T_{\mathrm{R}}} \frac{C_{P\mathrm{R}}^{if}}{T_{\mathrm{R}}} \mathrm{d} T_{\mathrm{R}} + A_1 (P - P_0) \\ & + A_2 \frac{P^2 - P_0^2}{2} + A_3 T_{\mathrm{R}} (P - P_0) + A_4 T_{\mathrm{R}}^2 (P - P_0) \end{aligned} \tag{3.12}$$

式中：$C_{P\mathrm{R}}^{if} = B_1 + B_2 T_{\mathrm{R}}$。

混合物气相的对比态吉布斯函数表示为

$$G_{\mathrm{R}}^{\mathrm{gM}} = (1-y) G_{\mathrm{R}}^{\mathrm{gH_2O}} + y G_{\mathrm{R}}^{\mathrm{gNH_3}} + T_{\mathrm{R}} (1-y) \ln(1-y) + T_{\mathrm{R}} y \ln y \tag{3.13}$$

混合物液相的对比态吉布斯函数表示为

$$G_{\mathrm{R}}^{\mathrm{fM}} = (1-x) G_{\mathrm{R}}^{\mathrm{fH_2O}} + x G_{\mathrm{R}}^{\mathrm{fNH_3}} + T_{\mathrm{R}} (1-x) \ln(1-x) + T_{\mathrm{R}} x \ln x + G_{\mathrm{R}}^{\mathrm{e}} \tag{3.14}$$

其中

$$\begin{aligned} G_{\mathrm{R}}^{\mathrm{e}} = & \left[F_1 + F_2 P_{\mathrm{R}} + F_3 P_{\mathrm{R}}^2 + \frac{F_4 + F_5 P_{\mathrm{R}}}{T_{\mathrm{R}}} + \frac{F_6 + F_7 P_{\mathrm{R}}}{T_{\mathrm{R}}^2} + \frac{F_8}{T_{\mathrm{R}}^3} \right. \\ & + \left(F_9 + F_{10} P_{\mathrm{R}} + F_{11} P_{\mathrm{R}}^2 + \frac{F_{12} + F_{13} P_{\mathrm{R}}}{T_{\mathrm{R}}} \right) (2x - 1) \\ & \left. + \left(F_{14} + F_{15} P_{\mathrm{R}} + \frac{F_{16}}{T_{\mathrm{R}}} \right) (2x-1)^2 \right] x (1-x) \end{aligned} \tag{3.15}$$

式中：G_{R} 为对比态吉布斯能量函数，$G_{\mathrm{R}} = \dfrac{G_m}{R_m T_b}$；$G_{\mathrm{R}}^{\mathrm{e}}$ 为过余函数；g 为气相；f 为液相；M 为混合物；e 为过余；R 为对比值。

当纯物质处于气相、液相平衡时，则两相的化学势相等，根据热力学第一定律，则有

$$f(t, p) = f(T_{\mathrm{R}}, P_{\mathrm{R}}) = G_{\mathrm{R}}^{\mathrm{f}} - G_{\mathrm{R}}^{g} = 0 \tag{3.16}$$

求解此方程，可以得到纯氨或纯水的气液平衡状态参数。

氨水溶液的气相焓值 H_R^{gM} 表示为

$$
\begin{aligned}
H_R^{gM} &= (1-y)H_R^{gH_2O} + yH_R^{gNH_3} \\
&= (1-y)[G_R^{gH_2O} - \theta(\partial G_R^{gH_2O}/\partial\theta)_\pi] + y[G_R^{gNH_3} - \theta(\partial G_R^{gNH_3}/\partial\theta)_\pi]
\end{aligned} \tag{3.17}
$$

式中：θ 为对比态温度，$\theta=\dfrac{T}{T_b}$；π 为对比态压力，$\pi=\dfrac{P}{P_b}$。

氨水溶液的液相焓值 H_R^{fM} 定义为

$$
\begin{aligned}
H_R^{fM} &= (1-x)H_R^{fH_2O} + xH_R^{fNH_3} + H_R^e \\
&= (1-x)[G_R^{fH_2O} - \theta(\partial G^{fH_2O}/\partial\theta_\pi] \\
&\quad + x[G_R^{fNH_3} - \theta(\partial G_R^{fNH_3}/\partial\theta_\pi)] + G_R^e - \theta(\partial G_R^e/\partial\theta)_{\pi,x}
\end{aligned} \tag{3.18}
$$

含有参数 T、P 和 x 的氨水溶液气液两相平衡方程表示为

$$
\exp\left\{\frac{1}{\theta}[G_R^{fH_2O} + \theta\ln(1-x) + G_R^e - x(\partial G_R^e/\partial\theta)_{\pi,x} - G_R^{gH_2O}]\right\}
+ \exp\left\{\frac{1}{\theta}[G_R^{fNH_3} + \theta\ln x + G_R^e + (1-x)(\partial G_R^e/\partial\theta)_{\pi,x} - G_R^{gNH_3}]\right\} = 1 \tag{3.19}
$$

含有参数 T、P 和 y 的氨水溶液气液两相平衡方程表示为

$$
y = \exp\left\{\frac{1}{\theta}[G_R^{fNH_3} + \theta\ln x + G_R^e + (1-x)(\partial G_R^e/\partial\theta)_{\pi,x} - G_R^{gNH_3}]\right\} \tag{3.20}
$$

根据式（3.19）和式（3.20），氨水溶液的四个参数 T、P、x 和 y 中，已知任意两个参数可求解其余两个参数值。

采用 MATLAB 软件对以上方程进行编程，并对程序计算中的常数项进行了修正[85]，计算结果与文献参考数据[86] 相比较分别见表 3.1 和表 3.2。

表 3.1　　纯氨热力学性质计算结果

输入值	本书计算结果			文献参考数据			
温度/℃	压力/MPa	本书焓值/(kJ/kg)		文献焓值/(kJ/kg)		绝对误差/(kJ/kg)	
		气相	液相	气相	液相	气相	液相
−50	0.041	1193.9	−224.4	1200.1	−224.7	6.2	0.3
−40	0.071	1211.1	−181.9	1216.7	−181.5	5.6	0.4
−30	0.119	1227.2	−135.7	1232.4	−135.8	5.2	0.1

续表

输入值	本书计算结果			文献参考数据			
温度/℃	压力/MPa	本书焓值/(kJ/kg)		文献焓值/(kJ/kg)		绝对误差/(kJ/kg)	
		气相	液相	气相	液相	气相	液相
−20	0.190	1241.9	−90.6	1246.7	−90.8	4.8	0.2
−10	0.291	1255.2	−45.7	1259.7	−45.3	4.5	0.4
0	0.430	1266.8	0.705	1271.2	0.675	4.4	0.03
10	0.617	1276.6	47.9	1281.1	47.2	4.5	0.7
20	0.861	1284.6	94.1	1289.3	94.5	4.7	0.4
30	1.070	1297.2	142.0	1295.7	142.5	1.5	0.5
40	1.430	1303.2	195.4	1299.9	195.3	3.3	0.1
50	1.880	1307.5	241.6	1306.5	241.5	1.0	0.1

表 3.2　　氨水混合物热力学性质计算结果

输入值	本书计算结果					文献参考数据			
温度/℃	压力/MPa	浓度		本文焓值/(kJ/kg)		文献焓值/(kJ/kg)		绝对误差	
		气相	液相	气相	液相	气相	液相	气相	液相
−10	0.1177	0.587	0.999	1271.1	−292.8	1271.5	−288.9	0.4	3.9
−5	0.0981	0.516	0.999	1273.3	−280.2	1268.7	−277.8	4.6	2.4
5	0.1373	0.500	0.998	1302.9	−235.5	1306.4	−234.5	3.5	1.0
10	0.1766	0.509	0.998	1310.8	−212.5	1314.4	−210.4	3.6	2.1
20	0.2453	0.500	0.997	1329.3	−166.5	1329.6	−167.5	0.3	1.0
25	0.3924	0.557	0.998	1329.7	−137.7	1335.9	−138.2	6.2	0.5
45	0.8829	0.603	0.997	1350.3	−31.3	1357.5	−32.9	7.2	1.6
60	0.1570	0.198	0.897	1546.4	113.9	1545.8	108.9	0.6	5.0
65	1.7620	0.656	0.997	1364.3	85.7	1369.5	88.7	5.2	3.0
70	0.1962	0.179	0.866	1604.2	170.3	1602.4	163.1	1.8	7.2
100	0.9810	0.319	0.925	1579.4	237.0	1581.7	235.3	2.3	1.7
120	0.3924	0.056	0.509	2125.6	456.3	2118.2	450.5	7.4	5.8

从表中可以看出，在－50～50℃内，纯氨气相焓值计算结果与文献中纯氨气相焓值最大绝对误差是6.2kJ/kg，最大相对误差0.52%；纯氨液相焓值与文献中纯氨液相焓值最大绝对误差是0.7kJ/kg，最大相对误差1.48%。温度在－10～120℃内，压力在0.0981～1.762MPa内；氨水混合物气相焓值计算结果与文献中氨水混合物气相焓值最大绝对误差是7.4kJ/kg，最大相对误差0.35%；其氨水混合物液相焓值与文献中氨水混合物液相焓值最大绝对误差是7.2kJ/kg，最大相对误差4.41%。

氨水状态方程程序的计算结果与文献［87］的比较，如图3.2所示。可以看出，计算结果与文献结果相符合，所以可以应用此程序计算氨水溶液的热力学性质。

3.3.2 氨水吸收式制冷系统的状态参数确定

在已知热源温度 t_h、冷却水温度 t_w 和制冷温度 t_e 的条件下，确定氨水吸收式制冷系统的循环状态参数[88]。

3.3.2.1 冷凝器状态（点6）

冷凝温度 t_6 表示为

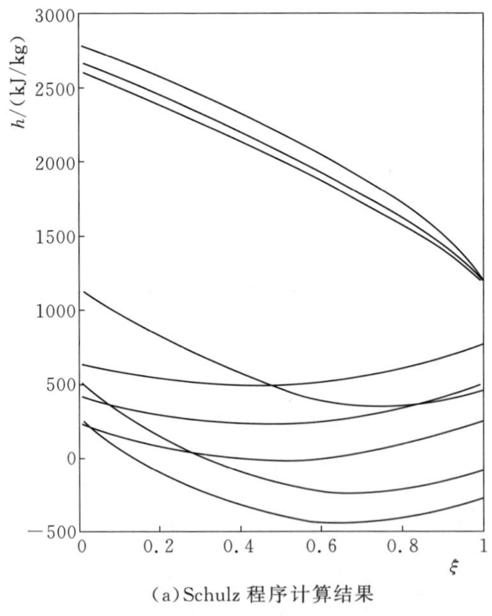

(a) Schulz 程序计算结果

图3.2（一） Schulz 氨水气液焓浓图与文献对比

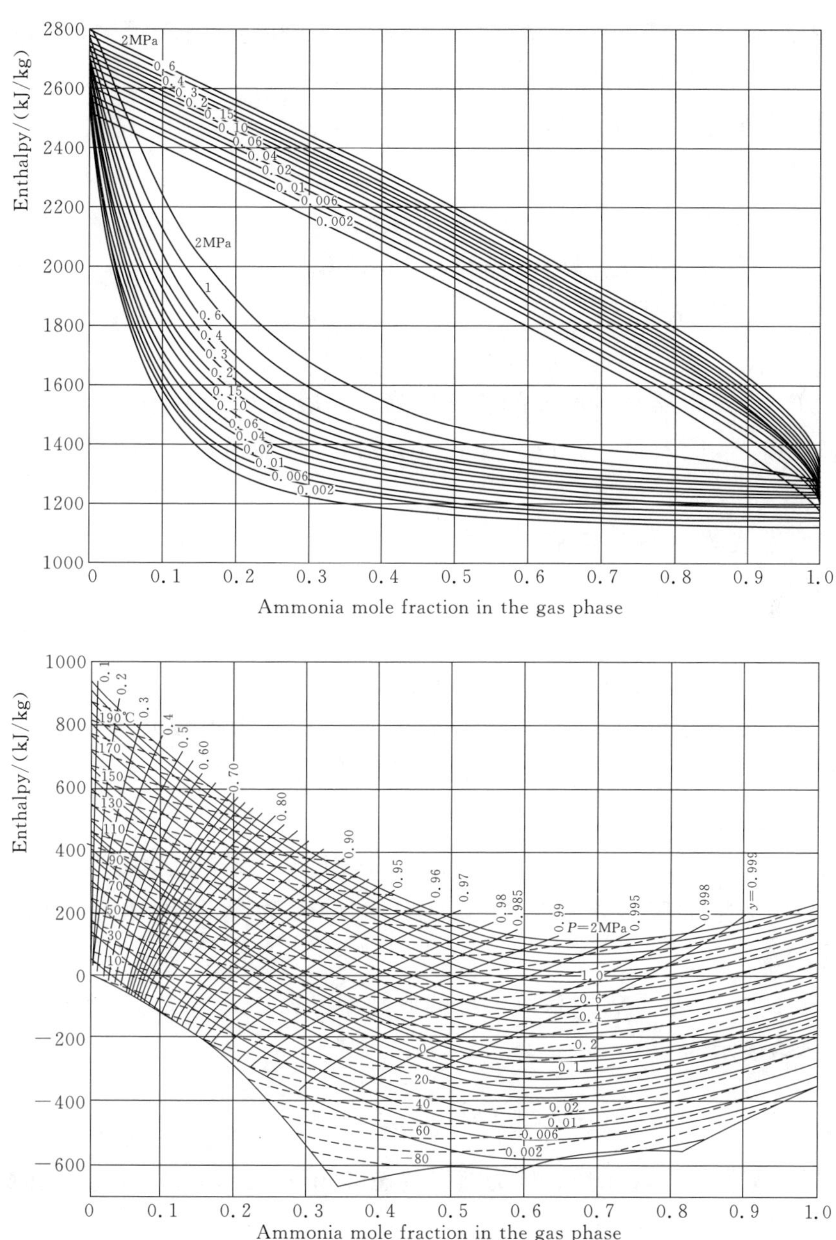

(b)文献结果

图 3.2（二） Schulz 氨水气液焓浓图与文献对比

$$t_6 = t_w + \Delta t_w + \Delta t_6 \tag{3.21}$$

式中：Δt_w 为冷凝器中冷却水温升，一般为 4～6℃；Δt_6 为冷凝器热端温差，一般为 3～4℃。

进入冷凝器的氨气浓度 $\xi_6=0.998$，将 t_6 和 ξ_6 代入式（3.18）和式（3.19），从而可以求得压力 P_6 和焓值 h_6。

3.3.2.2 发生器终态（点2）

发生终温 t_2 表示为

$$t_2=t_h-\Delta t_2 \tag{3.22}$$

式中：Δt_2 为发生器热端温差，一般为5～15℃。

发生压力 P_2 表示为

$$P_2=P_6+\Delta P_2 \tag{3.23}$$

式中：ΔP_2 为发生器至冷凝器的管路压降，一般为0.01MPa。

将 t_2 和 P_2 代入式（3.17）和式（3.19），从而可以求得氨气浓度 ξ_2 和焓值 h_2。

3.3.2.3 蒸发器终态（点8）

蒸发终温表示为

$$t_8=t_e-\Delta t_8 \tag{3.24}$$

式中：Δt_8 为蒸发器传热温差，一般为5～7℃。

由 t_8 和氨液浓度 $\xi_8=0.998$，根据式（3.19），求得最大蒸发压力 $P_{8\max}$。由吸收终温 t_4、发生器终浓度 ξ_2 确定最小吸收压力 $P_{3\min}$；考虑蒸发器至吸收器间的管路压降，则最小蒸发压力为

$$P_{8\min}=P_{3\min}+\Delta P \tag{3.25}$$

式中：ΔP 为管路压降，$\Delta P=P_{8\max}\Delta P_0$，$\Delta P_0$ 为蒸发器管路压降率，取 $\Delta P_0=0.075$。

蒸发压力 P_8 基于热力系数最佳的原则，可在 $P_{8\min}$～$P_{8\max}$ 之间选择。蒸发终态热焓表示为

$$h_8=h'_8+(h''_8-h'_8)\frac{0.998-\xi'_8}{1-\xi'_8} \tag{3.26}$$

式中：h'_8 为蒸发终态液相焓；h''_8 为蒸发终态气相焓；ξ'_8 为蒸发终态液相浓度。

3.3.2.4 吸收器终态（点4）

吸收终温表示为

$$t_4=t_w+\Delta t_4 \tag{3.27}$$

式中：Δt_4 为吸收器冷端温差，一般为4～8℃。

吸收压力表示为

$$P_4=P_8-\Delta P_4 \tag{3.28}$$

式中：ΔP_4 为吸收压差，包括蒸发器至吸收器的氨气管路压降，一般为0.02～0.04MPa。

将 t_4 和 P_4 代入式（3.18）和式（3.19），从而可以求得氨液浓度 ξ_4 和焓值 h_4。

3.3.2.5 吸收前稀溶液状态（点3）

稀溶液出溶液热交换器温度为

$$t_3 = t_4 + \Delta t_3 \tag{3.29}$$

式中：Δt_3 为溶液热交换器冷端温差，一般为5～15℃。

将 t_3、$\xi_a(\xi_2)$ 代入式（3.18）和式（3.19），而可以求得压力 P_3 和焓值 h'_a。使 $P_3 \leqslant P_4$，亦即使 t_3 处于吸收压力下的过冷状态，以防止节流后稀溶液汽化。

3.3.2.6 发生器开始前状态（点1）

根据溶液热交换器的热平衡，浓溶液出口焓值 h_{1a} 表示为

$$h_{1a} = h_4 + (h_2 - h_3)\frac{f-1}{f}0.95 \tag{3.30}$$

式中：f 为溶液循环倍率，$f = \dfrac{\xi_5 - \xi_2}{\xi_1 - \xi_2}$（$\xi_5 = \xi_6$，$\xi_1 = \xi_4$）。

浓溶液出口温度 t_{1a} 表示为

$$t_{1a} = t_4 + (t_2 - t_3)\frac{f-1}{f} \tag{3.31}$$

3.3.2.7 精馏塔顶状态（点5）

精馏塔顶浓度要求达到 $\xi''_5 = 0.998$。将 P_2、ξ''_5 代入式（3.17）和式（3.19），可以求得塔顶温度 t_5 和焓值 h''_5。

3.3.2.8 气体过冷器出口状态

出过冷器的氨气焓值 h_{8a} 表示为

$$h_{8a} = h_8 + (h_8 - h_6)\upsilon \tag{3.32}$$

式中：υ 为过冷器负荷系数。

出过冷器的氨气温度 t_{8a} 表示为

$$t_{8a} = \frac{h_{8a} - h_8}{c''} + \mathrm{t}_8 \tag{3.33}$$

式中：c'' 为氨气在温度 $t_8 \sim t_{8a}$ 之间的平均比热。

出过冷器的氨液焓值表示为

$$h_{6a}=h_6+(h_{8a}-h_8) \tag{3.34}$$

3.4 氨水吸收式余热制冷系统的性能分析

根据热力学第一定律，系统中的各种能量可以相互转换，且转化过程中总量保持不变。氨水吸收式制冷系统的性能采用热力系数（Coefficient of Performance，COP）来表征，在相同制冷量条件下，COP 越大，系统消耗的能量越小。根据热力学第二定律，系统中的能量转换过程具有方向性或不可逆性，因此，采用㶲热力系数（Exergy Coefficient of Performace，ECOP）来表达氨水吸收式制冷系统中㶲（有用能）的有效利用程度。

3.4.1 氨水吸收式制冷系统的能分析

氨水吸收式制冷系统内氨组分符合质量平衡和能量平衡计算，即

$$\begin{cases}\sum m_{\text{min}}-\sum m_{\text{out}}=0\\ \sum (m\xi)_{\text{in}}-\sum (m\xi)_{\text{out}}=0\\ Q+\sum (mh)_{\text{in}}-\sum (mh)_{\text{out}}=0\end{cases} \tag{3.35}$$

式中：m 为各组分质量，kg/s；ξ 为氨水溶液浓度，kg/kg；Q 为系统与外界的交换热量，kJ；h 为氨、氨水的焓值，kJ/kg；in 为流入设备；out 为流出设备。

回流冷凝器的单位热负荷表示为

$$q_R=h''_1-h''_5+R(h''_1-h'_1) \tag{3.36}$$

式中：R 为实际回流比，$R=\dfrac{\xi''_5-\xi''_1}{(\xi''_1-\xi'_1)\ \eta_r}$，$\eta_r$ 为精馏效率，ξ''_1为精馏段进料气相浓度，ξ'_1为精馏段进料液相浓度，ξ''_5为精馏塔顶出口气相浓度。

实际回流比 R 存在一个最佳值，约为 0.5。当回流比过小，则塔板上气相组分过多，塔板上的气液相没有充分进行相平衡，分离效果不好；当回流比过大时，很大一部分气相冷凝为高浓度液氨后，没有去蒸发器制冷而是回流到精馏塔，浪费了部分做功能力。

发生器的单位热负荷表示为

$$q_G=h''_5-h'_2+f(h'_2-h'_{1a})+q_R \tag{3.37}$$

吸收器的单位热负荷表示为

$$q_A=h''_{8a}-h'_3+f(h'_3-h'_4) \tag{3.38}$$

冷凝器的单位热负荷表示为

$$q_C = h''_5 - h'_6 \tag{3.39}$$

溶液热交换器的单位热负荷表示为

$$q_T = 0.95(f-1)(h'_2 - h'_3) \tag{3.40}$$

过冷器的单位热负荷表示为

$$q_K = h''_{8a} - h''_8 = h'_6 - h'_{6a} \tag{3.41}$$

蒸发器的单位热负荷（单位制冷量）表示为

$$q_E = h''_{8a} - h'_6 \tag{3.42}$$

忽略泵传送过程所需的功，氨水吸收式制冷系统的热力系数 COP 定义为

$$\mathrm{COP} = \frac{q_E}{q_G} = \frac{h''_{8a} - h'_6}{h''_5 - h'_2 + f(h'_2 - h'_{1a}) + q_R} \tag{3.43}$$

单级氨水吸收式制冷系统，假定热源温度为 $T_h = 150$℃，冷却水温度 $T_w = 30$℃，制冷温度 $T_e = 5$℃，其他性能参数取值见表 3.3，则氨水吸收式制冷系统各点的状态参数值和各设备的热负荷分别见表 3.4 和表 3.5。

表 3.3　　性能参数取值

名　　称	符号	取值	名　　称	符号	取值
冷凝器中冷却水温升/℃	Δt_w	5	蒸发器传热温差/℃	Δt_8	5
冷凝器热端温差/℃	Δt_6	3	吸收器冷端温差/℃	Δt_4	8
发生器热端温差/℃	Δt_2	10	吸收压差/MPa	ΔP_4	0.03
发生器至冷凝器的管路压降/MPa	ΔP_2	0.01	溶液热交换器冷端温差/℃	Δt_3	10

表 3.4　　氨水吸收式制冷系统各点的状态参数计算结果

状态点	名　称	浓度/(kg/kg)	温度/℃	压力/MPa	焓值/(kJ/kg)
1	进热交换器浓溶液	0.461	38	0.369	80.9
1′	发生开始状态浓溶液	0.461	89	1.479	169.0
1″	发生开始时蒸汽	0.976	89	1.479	1820.0
1a	出热交换器浓溶液	0.461	101	1.479	360.0
2	发生终态稀溶液	0.214	140	1.479	480.0
2a	出热交换器稀溶液	0.214	48	1.479	51.2
3	吸收前稀溶液	0.214	48	0.111	50.8

续表

状态点	名　称	浓度/(kg/kg)	温度/℃	压力/MPa	焓值/(kJ/kg)
4	吸收终态浓溶液	0.461	38	0.369	80.9
5	出精馏塔氨气	0.998	53	1.479	1682.0
6	冷凝终态氨液	0.998	38	1.469	183.5
6a	出过冷器氨液	0.998	25	1.469	122.8
7	节流后蒸发前氨液	0.998	25	0.397	119.7
8	蒸发终了状态氨气	0.998	0	0.397	1239.2
8a	出过冷器后氨气	0.998	30	0.397	1299.9

表 3.5　　各设备的热负荷值

单位热负荷	计算值/(kJ/kg)	单位热负荷	计算值/(kJ/kg)
发生器热负荷	2319.6	吸收器热负荷	1666.5
冷凝器热负荷	1498.5	溶液热交换器热负荷	883.4
过冷器热负荷	60.7	热力系数 COP	0.483
制冷量	1119.5		

3.4.2　氨水吸收式制冷系统的㶲分析

在温度 T_0 为定值的环境中，系统从温度为 T（$T>T_0$）的热源吸入有限热量 Q 时，根据卡诺定理可知，其所能完成的最大有用功即热量 Q 的㶲 E_q，表示为[89]

$$E_q=\left(1-\frac{T_0}{T}\right)Q \tag{3.44}$$

对于温度变化的冷源来说，其冷量㶲和热量㶲具有完全相同的计算式，只是结果为负值。

由于热力系统的自发过程都是不可逆的，必然引起㶲的损失。因此，热力系统的㶲平衡方程表示为

$$E_{in}=\Delta E+E_{out}+E_I \tag{3.45}$$

式中：E_{in} 为系统的输入㶲；ΔE 为系统的㶲变化量；E_{out} 为系统的输出㶲；E_I 为㶲损失。

对于单位质量工质，冷凝器、蒸发器、吸收器和发生器的㶲损失方程分

别表示为

$$\Delta e_{C}=e_{5}-e_{6} \tag{3.46}$$

$$\Delta e_{E}=e_{6}-e_{8a}+q_{E}(T_{0}/T_{e}-1) \tag{3.47}$$

$$\Delta e_{A}=e_{8a}-e_{3}+f(e_{3}-e_{4}) \tag{3.48}$$

$$\Delta e_{G}=f(e_{1a}-e_{2})+e_{2}-e_{e}+q_{G}(1-T_{0}/T_{h}) \tag{3.49}$$

式中：T_0 为参考温度；q 为单位热负荷；e 为单位㶲；下标 A、C、E 和 G 分别为吸收器、冷凝器、蒸发器和发生器。

忽略泵传送过程所需的功，氨水吸收式制冷系统的㶲热力系数 ECOP 定义为

$$\mathrm{ECOP}=\frac{e_{E}}{e_{G}}=\mathrm{COP}\,\frac{\dfrac{T_{0}}{T_{e}}-1}{1-\dfrac{T_{0}}{T_{g}}} \tag{3.50}$$

单级氨水吸收式制冷系统，假定热源温度为 $T_h=150$℃，冷却水温度 $T_w=30$℃，制冷温度 $T_e=5$℃，其他性能参数取值见表 3.3，则氨水吸收式制冷系统各设备的㶲损失及㶲热力系数见表 3.6。

表 3.6　各设备的㶲损失及㶲热力系数

设备	㶲损失/(kJ/kg)	设备	㶲损失/(kJ/kg)
发生器	182.000	吸收器	139.000
回流冷凝器	59.900	节流阀 T_2	0.851
冷凝器	32.900	溶液泵	0
过冷器	8.600	溶液热交换器	94.500
节流阀 T_1	2.200	ECOP	12.5%
蒸发器	48.100		

3.4.3　氨水吸收式制冷系统的循环特性分析

3.4.3.1　热源温度的影响

假设热源温度 $T_h\in[125℃，170℃]$，冷却水的温度 $T_w=30$℃，制冷温度 $T_h=5$℃。循环倍率 f 随热源温度 T_h 的变化曲线如图 3.3 所示。发生器热负荷 q_G 随热源温度 T_h 的变化曲线如图 3.4 所示。从图中可以看出，随着热源温度 T_h 的升高，循环倍率 f 下降，发生器热负荷 q_G 也下降，主要是由

于进入发生器的浓溶液的焓值增量大于流出发生器的稀溶液焓值增量。

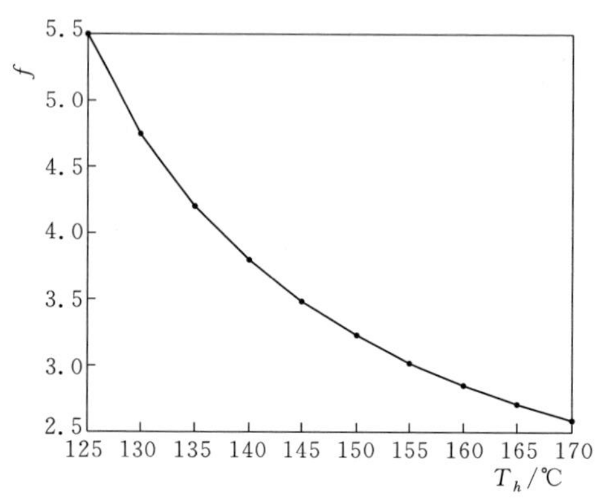

图 3.3　循环倍率随热源温度的变化曲线

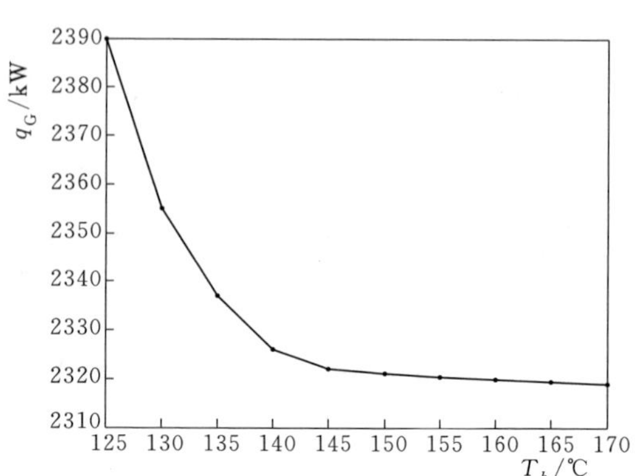

图 3.4　发生器热负荷随热源温度的变化曲线

氨水吸收式制冷系统的热力系数 COP 和烟热力系数 ECOP 随热源温度 T_h 的变化曲线如图 3.5 和图 3.6 所示。从图中可以看出，随着热源温度 T_h 的升高，热力系数 COP 首先升高，然后下降并在 145℃左右出现峰值；而烟热力系数 ECOP 则呈现下降趋势。

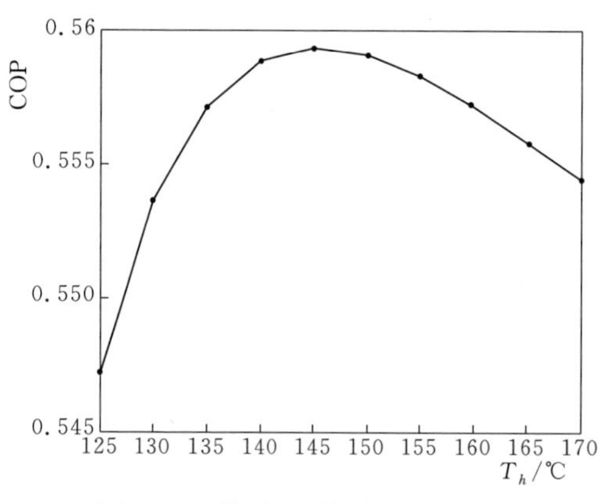

图 3.5　热力系数随热源温度的变化曲线

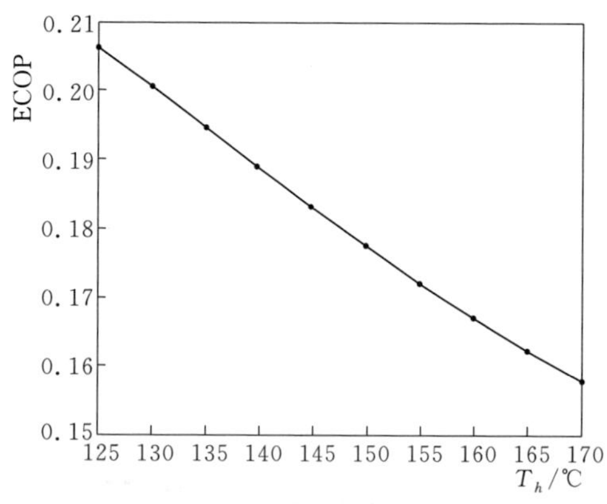

图 3.6　烟热力系数随热源温度的变化曲线

3.4.3.2　冷却水温度的影响

假设热源温度 $T_h=150$℃，制冷温度 $T_e=5$℃，冷却水的温度 $T_w\in$［24℃，42℃］。循环倍率 f 随冷却水温度 T_w 的变化曲线如图 3.7 所示。发

生器热负荷 q_G 随冷却水温度 T_w 的变化曲线如图 3.8 所示。从图中可以看出，随着冷却水温度 T_w 的升高，循环倍率 f 上升，发生器热负荷 q_G 也上升，主要是由于进入发生器的氨水溶液浓度上升，发生压力也随之升高，相对应的溶液、气体焓值也会上升，实际回流比升高，使得发生器热负荷不断增加。

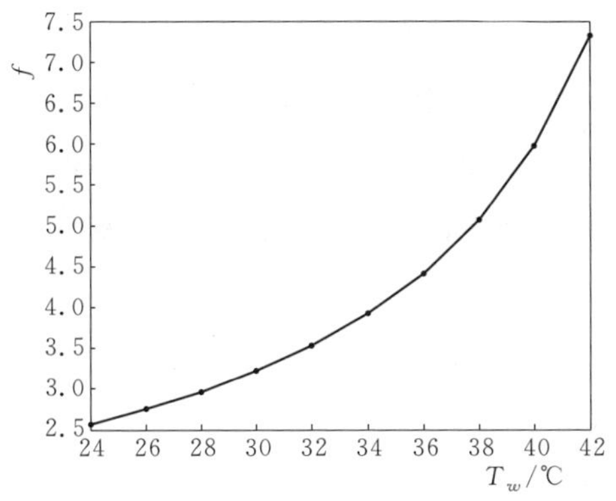

图 3.7　循环倍率随冷却水温度的变化曲线

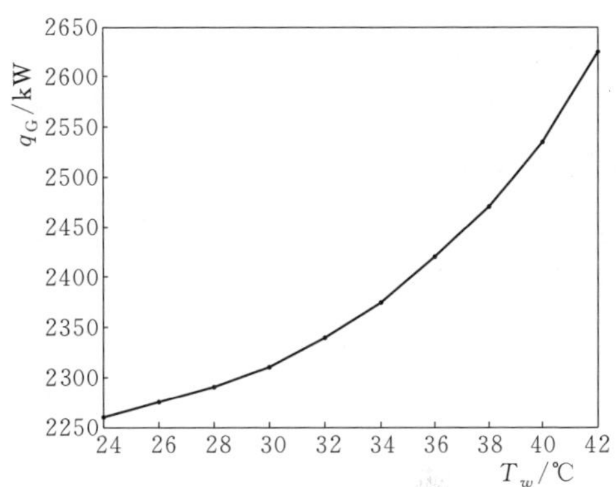

图 3.8　发生器热负荷随冷却水温度的变化曲线

氨水吸收式制冷系统的热力系数 COP 和㶲热力系数 ECOP 随冷却水温度 T_w 的变化曲线如图 3.9 和图 3.10 所示。从图中可以看出，随着冷却水温度 T_w 的升高，热力系数 COP 降低；而㶲热力系数 ECOP 则呈现上升趋势。

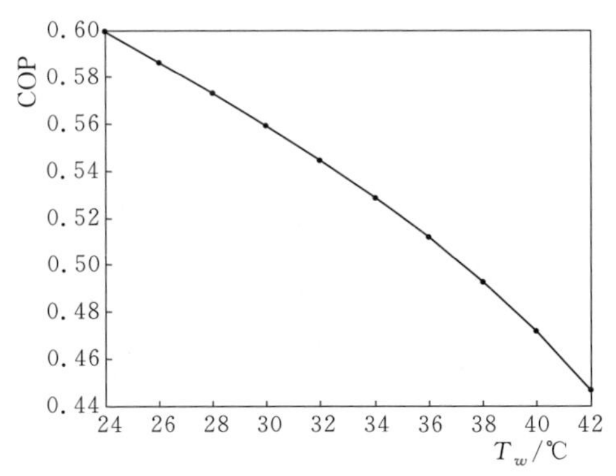

图 3.9　热力系数随冷却水温度的变化曲线

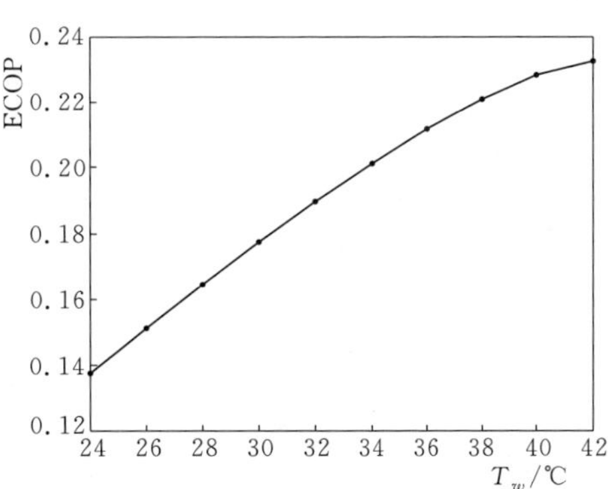

图 3.10　㶲热力系数随冷却水温度的变化曲线

3.4.3.3　制冷温度的影响

假设制冷温度 $T_e \in [-15℃，15℃]$，热源温度 $T_h = 150℃$，冷却水的温

度 $T_w=30℃$。循环倍率 f 随制冷温度 T_e 的变化曲线如图 3.11 所示。发生器热负荷 q_G 随制冷温度 T_e 的变化曲线如图 3.12 所示。从图中可以看出，随着制冷温度 T_e 的升高，循环倍率 f 下降，发生器热负荷 q_G 也下降，主要是由于随着制冷温度的提高，系统的蒸发压力、吸收压力相应增大，吸收终态浓溶液浓度增大，在发生压力一定下，发生器温度下降，相应的氨溶液气相液相焓值下降，实际回流比下降。

氨水吸收式制冷系统的热力系数 COP 和㶲热力系数 ECOP 随制冷温度 T_e 的变化曲线如图 3.13 和图 3.14 所示。从图中可以看出，随着制冷温度 T_e 的升高，热力系数 COP 上升；而㶲热力系数 ECOP 则呈现下降趋势。

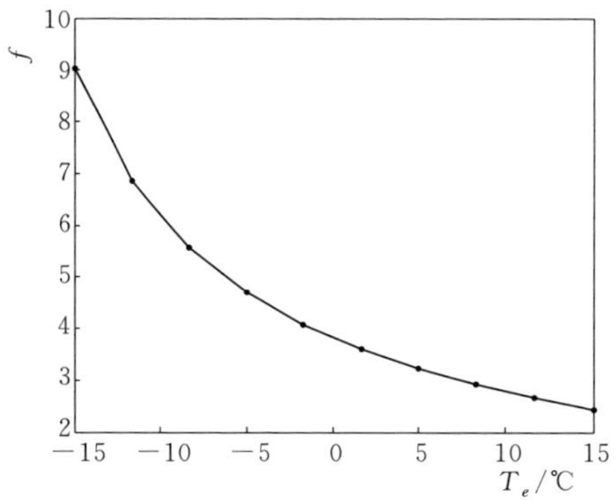

图 3.11 循环倍率随冷却水温度的变化曲线

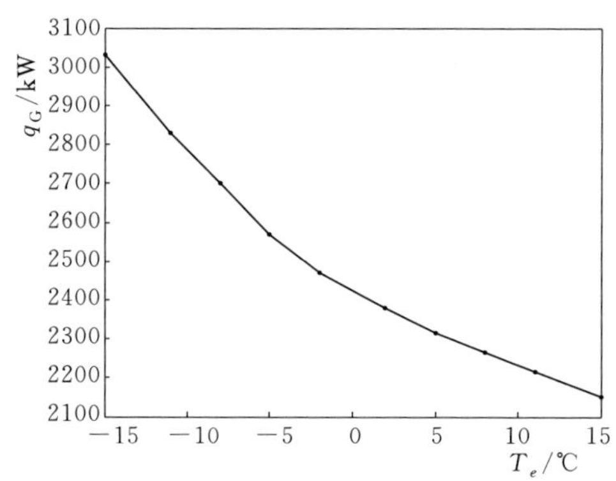

图 3.12 发生器热负荷随冷却水温度的变化曲线

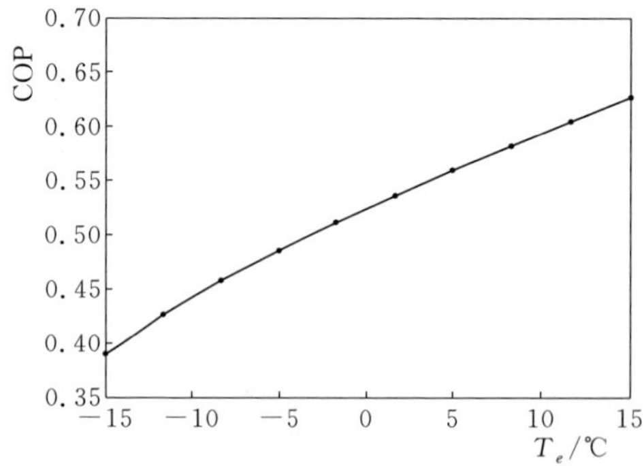

图 3.13 热力系数随冷却水温度的变化曲线

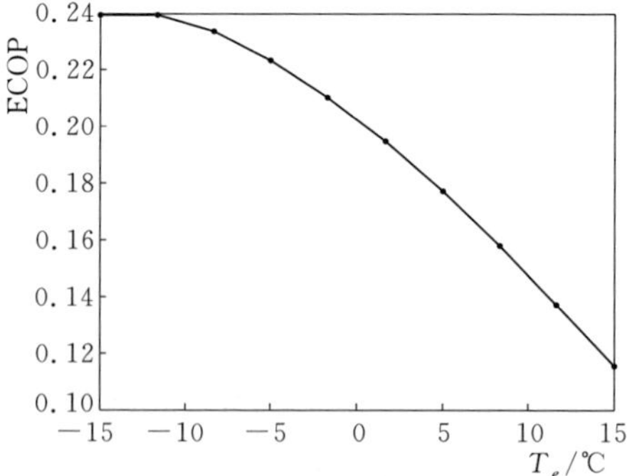

图 3.14 㶲热力系数随冷却水温度的变化曲线

3.5　氨水吸收式余热制冷系统的性能优化

3.5.1　氨水吸收式制冷系统优化的数学模型构建

3.5.1.1　目标函数

根据热力学第二定律，氨水吸收式制冷系统的循环性能以㶲热力系数 ECOP 来表征，则目标函数表示为

$$\min 1/\mathrm{ECOP}=\frac{q_{\mathrm{G}}\left(1-\dfrac{T_0}{T_g}\right)}{q_e\left(\dfrac{T_0}{T_e}-1\right)}=\frac{1}{\mathrm{COP}}\frac{1-\dfrac{T_0}{T_g}}{\dfrac{T_0}{T_e}-1} \tag{3.51}$$

3.5.1.2　优化变量

在冷却水温度 T_w、制冷温度 T_e、热源温度 T_h 不变的情况下，应该合理选择各个设备的传热温差，这些温差的选择影响整个制冷设备的经济性。增大温差，设备面积减小，设备投资减少，但是发生器的放气范围缩小，导致热量和冷却水消耗的增加，从而增加了运行费用。因此，以冷却水温升 Δt_w、冷凝器热端温差 Δt_6、发生器热端温差 Δt_2、蒸发器传热温差 Δt_8、吸收器冷端温差 Δt_4、溶液热交换器冷端温差 Δt_3 六个温度值作为优化变量，表示为

$$X=[\Delta t_w,\Delta t_6,\Delta t_2,\Delta t_8,\Delta t_4,\Delta t_3] \tag{3.52}$$

3.5.1.3　约束条件

考虑边界约束，表示为

$$X_{\min}\leqslant X\leqslant X_{\max} \tag{3.53}$$

考虑回流比约束，表示为

$$\frac{\xi_5''-\xi_1''}{(\xi_1''-\xi_1')\eta_r}=0.5 \tag{3.54}$$

3.5.2　基于自适应粒子群/遗传算法的优化求解

3.5.2.1　自适应粒子群算法

粒子群优化算法的速度矢量迭代公式（2.27）中，粒子的速度更新由三部分组成，即惯性部分（先前的速度）、认知部分和社会部分。惯性部分反

映的是粒子的运动习惯，即粒子具有维持自身当前速度的趋势，惯性部分会影响粒子的全局寻优能力，其值越大，粒子全局寻优能力越弱；认知部分反映的是粒子对自身历史最优位置的记忆，表示粒子有靠近自身历次最优位置的趋势，粒子认知越强，其全局寻优能力越强；社会部分则反映了多个粒子之间的协作与共享的群体历史最优位置，表示粒子有向种群历次最优位置运动的趋势[90]。

粒子群优化算法涉及加速因子 c_1、c_2 和惯性因子 w，参数的设置对于算法的寻优路径和效率影响很大，可能使粒子群在早期丧失多样性，造成算法早熟。惯性因子 w 的作用是平衡算法的全局搜索能力和局部搜索能力，惯性权重越大，算法全局搜索能力越强，惯性权重越小，算法局部搜索能力越强。加速因子 c_1 和 c_2 是控制粒子向自我历史经验和群体最优个体学习的因子，从而控制向群体内或邻域内最优点靠近[91]。加速因子也起到平衡局部搜索和全局搜索能力，加速因子越大，越有利于算法收敛，增加局部搜索能力。

因此，通过对粒子群算法的惯性因子 $w(t)$ 和加速因子 $c_1(t)$、$c_2(t)$ 进行动态时变调整，同时引入动态时变的控制因子 ρ（t）来约束粒子的位置更新幅度[92-93]。以反正切函数来构建惯性权重，表示为

$$w(t)=(w_{\text{start}}-w_{\text{end}})\times \arctan\left\{1.56\times\left[1-\left(\frac{t}{t_{\max}}\right)^k\right]\right\}+w_{\text{end}} \tag{3.55}$$

式中：反正切函数 arctan（）是一个递减函数，随着自变量的增加，函数值递减的步长逐渐减小；t 为迭代次数；k 为控制因子。

将加速因子 $c_1(t)$ 和 $c_2(t)$ 以指数函数为基础构造变化关系式，使其分别呈现递减和递增变化，取得较好的全局寻优效果，调整公式分别表示为

$$\begin{cases} c_1(t)=\dfrac{c_{1\max}-c_{1\min}}{1+\exp[\alpha(t-t_{\max}/2)]}+c_{1\min} \\ c_2(t)=\dfrac{c_{2\min}-c_{2\max}}{1+\exp[\alpha(t-t_{\max}/2)]}+c_{2\max} \end{cases} \tag{3.56}$$

式中：α 为控制常数。

为了粒子能以较大速度接近最优位置，在后期为了不使粒子速度过大造成俯冲脱离最优位置区域，而错失全局最优解从而陷入局部最优，因此在后期接近全局最优区域时，位置更新幅度不宜过大。对位置更新公式（2.26）引入动态自适应时变的控制因子 $\rho(t)$，对算法后期粒子位置更新幅度进行约

束，表示为

$$\rho(t)=\frac{\rho_{\max}-\rho_{\min}}{1+\exp[\alpha(t-t_{\max}/2)]}+\rho_{\min} \tag{3.57}$$

则更新后的位置迭代公式，表示为

$$x_{t+1}^{i}=x_{t}^{i}+\rho(t)v_{t+1}^{i}\Delta t \tag{3.58}$$

3.5.2.2 自适应遗传算法

遗传算法的迭代过程中，交叉概率 p_c 与变异概率 p_m 对算法的收敛性能起着重要影响[94-95]。p_c 越大越容易产生新个体并增强种群全局搜索能力，但容易使种群不稳定且使局部寻优能力变弱；p_c 过小容易使种群陷入局部最优并降低算法收敛速度。而 p_m 过大会影响种群稳定与收敛精度，过小则容易使算法“早熟”。因此，采用一种随迭代次数动态改变的自适应交叉、变异算子，随着迭代次数的进行，交叉和变异算子将逐渐从最小值变到最大值，兼顾了全局收敛与局部寻优能力。交叉和变异算子分别表示为

$$\begin{cases} p_c(i)=p_c^{\min}+(p_c^{\max}-p_c^{\min})\times\dfrac{i}{\text{Gen}} \\ p_m(i)=p_m^{\min}+(p_m^{\max}-p_m^{\min})\times\dfrac{i}{\text{Gen}} \end{cases} \tag{3.59}$$

式中：$p_c(i)$、$p_m(i)$ 分别为第 i 次迭代中交叉概率和变异概率；$p_c^{\max}$、$p_c^{\min}$ 分别为交叉概率的最大值与最小值；$p_m^{\max}$、$p_m^{\min}$ 分别为变异概率的最大值与最小值；Gen 为遗传算法的迭代次数。

3.5.2.3 基于自适应粒子群/遗传算法的优化过程

基于自适应粒子群/遗传算法的优化过程如下：

(1) 确定粒子群（种群）规模 M（整数），并随机产生 M 个粒子（染色体）组成初始粒子群（种群）。

(2) 计算粒子（染色体）的适值函数。

(3) 重复。

1) 确定惯性权重 $w(t)$、加速因子 $c_1(t)$ 和 $c_2(t)$ 以及控制因子 $\rho(t)$，进行粒子群迭代操作。

2) 确定交叉概率 p_c 并进行交叉操作。

3) 确定变异概率 p_m 并进行变异操作。

4）计算粒子（染色体）的适值函数。

5）生成并保存 p_k^i 和 p_k^g。

6）选择操作，比较粒子（染色体）的适值，产生新的粒子群（种群）。

（4）检查终止准则是否满足。

3.5.3 数值算例

假定热源温度 $T_h=150$℃，冷却水温度 $T_w=24$℃，制冷温度 $T_e=-15$℃，冷却水温升 $\Delta t_w\in[4℃，6℃]$、冷凝器热端温差 $\Delta t_6\in[4℃，6℃]$、发生器热端温差 $\Delta t_2\in[5℃，15℃]$、蒸发器传热温差 $\Delta t_8\in[5℃，7℃]$、吸收器冷端温差 $\Delta t_4\in[4℃，8℃]$、溶液热交换器冷端温差 $\Delta t_3\in[5℃，15℃]$，进行氨水吸收式余热制冷系统优化设计。

采用基于自适应粒子群/遗传算法进行求解，参数设置为：$w_{\text{start}}=0.9$；$w_{\text{end}}=0.4$；控制因子 $k=0.3$；$c_{1\max}=c_{2\max}=2.0$；$c_{1\min}=c_{2\min}=0.6$；控制常数 $\alpha=0.010$；$\rho_{\max}=1.8$；$\rho_{\min}=0.4$；$p_c^{\max}=0.5$；$p_c^{\min}=0.2$；$p_m^{\max}=0.3$；$p_m^{\min}=0.1$。以㶲热力系数 ECOP 为目标函数，优化迭代历史如图 3.15 所示，优化前后各参数取值比较见表 3.7。从表中可以看出，分别减小冷却水温升 Δt_w、冷凝器热端温差 Δt_6、吸收器冷端温差 Δt_4 和溶液热交换器冷端温差值 Δt_3，增大发生器热端温差 Δt_2，有利于提高氨水吸收式余热制冷系统的㶲热力系数，优化后系统的㶲热力系数 ECOP 提高了 7.2%。

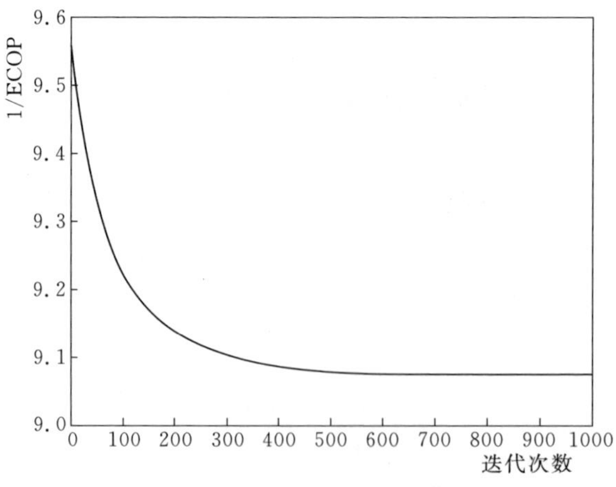

图 3.15　遗传算法 1/ECOP 优化结果

表 3.7 优化前后各参数取值对比

优化参数	优化前参数取值/℃	优化后参数取值/℃	优化参数	优化前参数取值/℃	优化后参数取值/℃
Δt_w	5	4.03	Δt_4	8	4.04
Δt_6	3	3.05	Δt_3	10	5.06
Δt_2	10	14.98	ECOP	0.125	0.134
Δt_8	5	5.02			

氨水吸收式制冷系统，仅仅考虑其主要设备的传热温差值的选取，进而提高整个系统的热力系数或㶲热力系数。还应该对蒸发器、冷凝器等主要设备的结构进行合理的优化设计，如换热器的管板厚度等。

第 4 章 渔船的机舱布置优化

布局和布置设计问题（Packing Problem and Layout Design）[96] 是给定一个布局空间和若干待布物体，在满足必要的约束条件下，将待布物体合理地摆放在空间里并达到某种最优指标。自 1831 年 Gauss 研究有关布局问题开始，国内外许多学者在不同领域中进行了布局问题的研究。GUENTHER、曹先彬和何大勇等[97-99] 研究了集装箱装箱问题。SZYKMAN、CAGAN 和王惠娟等[100-102] 探讨了机械产品制造的布局问题。KAMRAN、PIERRE 和滕弘飞等[103-108] 进行了卫星仪器舱布局设计。目前求解布局问题的方法主要有数学规划法、启发式方法、图论法、演化算法、人机结合算法等。其中演化算法包括遗传算法、模拟退火算法、蚁群算法和粒子群算法及其混合算法等，由于不要求目标函数的连续可导，在求解布局问题时具有一定的智能性和鲁棒性，得到了广泛应用。

机舱是专门用来放置动力装置机械设备和管路系统的船舱，机舱布置得是否合理，同船舶性能、轮机管理和捕捞效能有密切关系。机舱布置优化问题[109] 就是将一些设备或物体按一定要求合理地放置在一个给定有限空间内，也就是按布置空间与布置设备的形状限制、尺寸限制和它们之间空间关系的拓扑限制来布置这些设备使其符合设计条件并达到某种设计目标，是一个复杂的组合优化问题。程宏佳等[110] 将本体理论引入到机舱布置领域，并探讨了有关机舱布置智能化设计的相关内容。周发模[111] 根据布置原则建立了机舱布置优化的数学模型，并分析了设备间的位置关系，提出了约束关系的数学表达，运用粒子群算法来实现机舱的布置优化。何旺[112] 综合运用知识工程的关键技术、数据库技术、计算机图形学和优化技术，完成船舶机舱智能布置的知识获取、知识表示和知识推理，建立船舶机舱智能布置的数学模型及建立求解方法。刘海姣等[113] 研究了船舶的机舱布局特点，利用粒子群优化算法实现智能布局优化，对机舱系统中的动力传输模型和负载电机控制进行建模与仿真。姜文英等[114] 充分考虑设备布置和管路敷设之间的耦合问题，应用粒子群和蚁群算法，求解了船舶机舱布局规划问题。王晨[115] 应用遗传算法，探讨了船员起居舱室的家具设备和管路电缆的布局设计问题。陈宁等[116] 利用遗传算法对船舶机舱进行优化布置，并结合人体工程学，通过虚拟人对机舱设备进行可安装可操作性评估。

由于渔船机舱内空间比较狭小、动力装置设备复杂繁多，良好的空间布局不仅降低设备的故障率和维修成本，同时还能够提高操作效率。因此，根据渔船设计的技术要求选定机舱位置和确定机舱尺寸之后，合理布置机械设备是渔船动力装置设计中的重要任务之一，但是渔船机舱布置问题的相关文献较少。

本章在已有研究成果[117-119] 的基础上，首先将根据机械设备的外形特征简化为矩形图元和圆形图元；其次，分别考虑不平衡距离指标、基于人机工效的指标和人员流通距离指标，基于多目标函数的转化和评价指标的标准化方法，将多目标函数转化为单目标函数；然后，分析机舱布置的领域约束、几何约束和可维修性约束，构建渔船的机舱布置优化模型；最后采用量子行为粒子群/遗传算法进行模型求解。

4.1 渔船的机舱布置原则

机舱设备的布置必须保证整个动力装置能可靠持久地工作，同时应便于机械设备的维护、管理和安装，并保持有良好的工作条件。机舱布置应考虑机械设备相互间的合理相对位置，以及各设备自身所具有的不同要求；布置在机舱两侧的机械设备的重量应尽量保持平衡，避免船舶发生倾斜，同时，机械设备的布置应保证设备的重心尽可能低，增加船舶的稳定性。机舱的机械设备布置时，首先要考虑占地面积和体积都比较大的机械设备，如主机、传动设备、发电机组、辅助锅炉、空气瓶等，这些设备在整个动力装置中占据比较重要的地位，对机舱的布置影响最大。图 4.1 为某渔船的机舱布置示意。

4.1.1 主机的布置

对于单机装置，主机布置在机舱纵向中心线上；对于双机装置，主机一

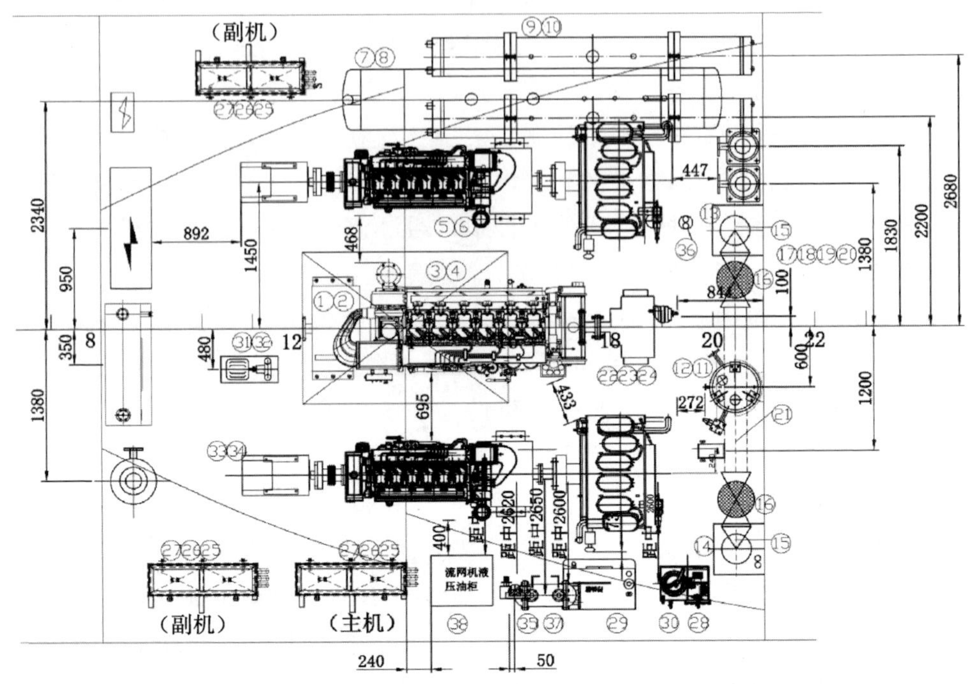

图 4.1 某渔船的机舱布置示意

①—齿轮箱；②—齿轮箱座；③—主机；④—主机安装座；⑤—副机；⑥—副机安装座；⑦—储液器；⑧—储液器座；⑨—冷凝器；⑩—冷凝器座；⑪—热交换器；⑫—热交换器座；⑬—左舷海底阀箱；⑭—右舷高位海底阀箱；⑮—通海阀；⑯—吸入粗水滤器；⑰—垫；⑱—法兰；⑲—螺母；⑳—螺栓；㉑—海水总管；㉒—流网机油泵；㉓—主机自由端传动机构；㉔—主机自由端传动机构底座；㉕—电瓶；㉖—电瓶箱；㉗—电瓶箱座；㉘—油污水分离器；㉙—污油柜；㉚—污油箱座；㉛—燃油输送泵；㉜—燃油输送泵座；㉝—花铁板；㉞—花铁板座；㉟—污油手摇泵；㊱—防海生物装置；㊲—流网机液压油冷却器；㊳—流网机液压油柜

般对称地并列于纵向中心线的两边，两主机间应有一定的通道，以便于进行操作和维修。主机在机舱中的前后位置，一般要考虑主机后端布置的传动设备，并与机舱棚与其他辅助机械布置等适当地配合。主机曲轴中心线的高度是根据双层底或船底结构和花铁板的距离要求，主机油底壳的最下端与船体内底板的最小距离及根据主机的需要而定的。如图 4.1 所示，该渔船动力装置为单机单桨减速传动推进装置，布置在机舱的纵向中心线上，位于 12～17 号肋位中部，前端设置轴带机油泵和主机自由端传动机构，后端设置齿轮箱。

4.1.2 发电机组和辅助锅炉的布置

发电机组与配电板同时布置。发电机组的旋转轴线应与船舶纵向中心线平行。配电板应布置在靠近发电机且易于看见而不潮湿的地方，一般布置在花铁板上，底部距花铁板约100mm。若船舶宽度允许，发电机组可放在主机两侧，否则，放在主机的前面。辅助锅炉一般放在机舱花铁板平面上，便于管理。柴油机船上的废气锅炉布置在靠近排气端的平台或机舱棚中。如图4.1所示，两台发电机冷冻机组位于11～19号肋位两侧。

4.1.3 辅助机械设备的布置

按其服务对象的不同，辅助机械分为为动力系统服务、为船舶系统服务及为生活要求服务三类。辅助机械设备的布置原则为：

(1) 互相关联或互为备用的辅助机械应尽量靠近，同时兼顾管系布置和安装的方便。

(2) 辅助机械应尽可能沿机舱周围布置，辅助机械与主机、辅助机械与辅助机械之间应留有一定的间距，便于操作维修。

(3) 较大的辅助机械优先布置，有向上连接管子的辅助机械，如消防泵，应尽可能布置在船的两舷。

(4) 需要保证压头的容器和箱柜有一定高度。输送液体的泵应尽量放低，保证有足够的自吸能力。

如图4.1所示，为动力系统服务的辅助机械主要有燃油输送泵、手摇泵、日用燃油柜、机油泵、海水泵、淡水泵、冷凝泵、热交换器、冷却器、主副机排烟系统、电瓶等；为船舶系统服务的辅助机械主要有消防泵、舱底泵、高低位海底阀箱、通海阀、吸水粗滤器、油污水分离器、防海生物装置等；为生活要求服务的辅助机械主要有主配电板、变压器、工作台等。13～20号肋位左舷下布置高压储液器，上方布置冷凝器2台。20～21号肋位布置热交换器1台。21号肋位布置有供液阀站、回气阀站，其左侧布置消防泵、冷凝泵各1台。20～21号肋位右舷、左舷分设高位海底阀箱、海底阀和海水粗滤器等。8～9号肋位右舷布置有日用燃油柜、舱底泵1台，左侧布置有主配电板、变压器等。10.5～11.5肋位中布置燃油泵，右舷布置油水分离器，主副机启动电瓶布置在左右两舷，靠近主副机。

4.1.4 其他设备及机舱棚的布置

其他设备主要包括扶梯、栏杆、格栅、花铁板、起吊设备和机舱棚等。扶梯应尽量沿船的纵向布置，并有一定的斜度。在整个机舱内必须铺设花铁板，便于轮机人员在机舱内进行操作管理。花铁板下面通常铺设复杂的管路和一部分不需要检修的设备。轮机人员通过的地方，应有固定的通道，而且需要设置必要的格栅，格栅四周安装栏杆。机舱上部设置机舱棚，中小型船舶机舱棚的长度和宽度必须略大于主机极限外形尺寸；大型船舶机舱棚仅供通风与透光之用，其有效面积应为机舱底层花铁板总面积的 1/8～1/6。机舱棚中设有起吊横梁，位于可能用以起吊最重要部件的上端，并沿船的纵向设置，其长度和高度需要满足起吊的要求。如图 4.1 所示，机舱直梯位于机舱棚中 12 号肋位中间，逃生口位于机舱棚 12～17 号肋位上的机舱天窗。

4.2 渔船机舱布置优化的数学模型

在渔船的机舱布置优化中，机械设备的外形轮廓均不是规则几何图形，大小尺寸也千差万别，为了研究的方便，根据机械设备的形状特征，将其简化为矩形图元或圆形图元，分别如图 4.2 和图 4.3 所示。图 4.2 中（x_i，y_i）为矩形图元 i 的形心坐标；a_i、b_i 分别为矩形图元 i 在 x 和 y 方向的长度；φ_i 为矩形图元 i 绕 x 轴的旋转角度。图 4.3 中（x_j，y_j）为圆形图元 j 的形心坐标；r_j 为圆形图元 j 的半径。

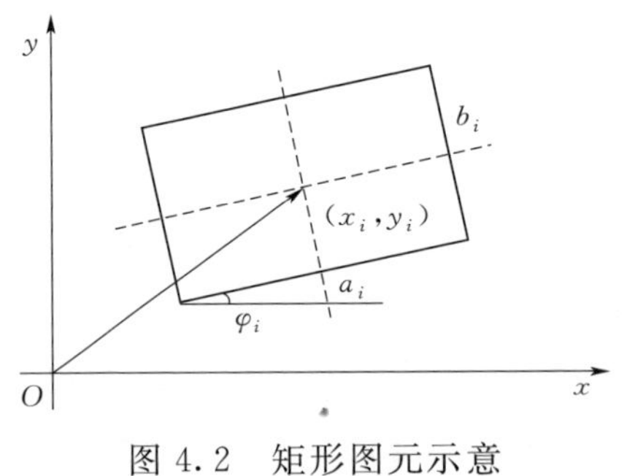

图 4.2 矩形图元示意

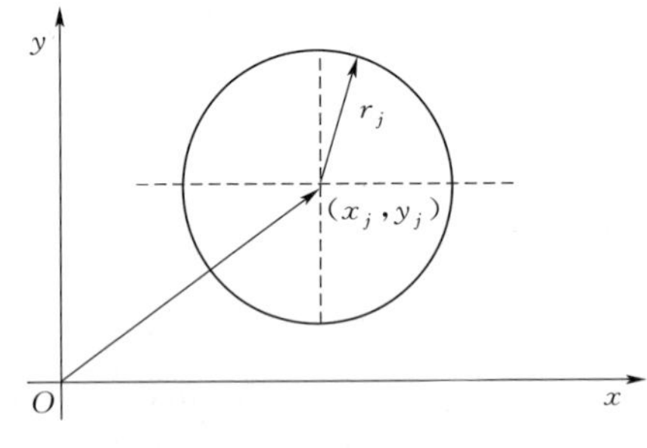

图 4.3 圆形图元示意

4.2.1 设计变量

渔船机舱布置优化是为了确定各机械设备在机舱中的最佳位置，因此设

计变量 X 为机械设备的空间参数，基于前述矩形图元和圆形图元的特征描述，表示为

$$X=\{(x_1,y_1,z_1,\varphi_1,\theta_1,\phi_1),\cdots,(x_p,y_p,z_p,\varphi_p,\theta_p,\phi_p),\\(x_{p+1},y_{p+1},z_{p+1}),\cdots,(x_{p+q},y_{p+q},z_{p+q})\} \tag{4.1}$$

式中：p 为矩形图元的机械设备数量；$(x_i,\ y_i,\ z_i)$ $(i=1,\ 2,\ \cdots,\ p)$ 分别为设备 i 的 x 坐标、y 坐标和 z 坐标；$(\varphi_i,\ \theta_i,\ \phi_i)$ $(i=1,\ 2,\ \cdots,\ p)$ 分别为设备 i 绕 x 轴、y 轴、z 轴的旋转角度；q 为圆形图元的机械设备数量；$(x_{p+j},\ y_{p+j},\ z_{p+j})$ $(j=1,\ 2,\ \cdots,\ q)$ 分别为圆形图元设备 $(p+j)$ 的 x 坐标、y 坐标和 z 坐标。

4.2.2 目标函数

4.2.2.1 不平衡距离指标 $f_1(X)$

根据 4.1 中的机舱布置原则，机舱中的机械设备的重量分布要尽量左右均衡，且大型设备的重心应尽量低。假定船舶动力装置的重心至横中剖面的距离为 L_x，至纵中剖面的距离为 L_y，至设计水线面的距离为 L_z，分别表示为

$$\begin{cases} L_x=\dfrac{\sum\limits_{i=1}^{p}m_ia_i}{\sum\limits_{i=1}^{p}m_i} \\ L_y=\dfrac{\sum\limits_{i=1}^{p}m_ib_i}{\sum\limits_{i=1}^{p}m_i} \\ L_z=\dfrac{\sum\limits_{i=1}^{p}m_ic_i}{\sum\limits_{i=1}^{p}m_i} \end{cases} \tag{4.2}$$

式中：a_i 为机械设备 i 到横中剖面距离，离开横舯剖面向船尾的距离取“+”号，向船首的距离取“－”号；b_i 为机械设备 i 到纵中剖面距离，离开纵舯剖面向右舷的距离取“+”号，向左舷的距离取“－”号；c_i 为机械设备 i 到设计水线面的距离，离开设计水线面以下的距离取“+”号，向上的

距离取"—"号；m_i 为机械设备 i 的质量。

L_x 值的大小是根据机舱的位置决定的，尾部机舱其值大些，但对于中部机舱一般也不允许出现负值。对于 L_y 的值，希望等于零，也就是说各机械设备对船舶纵中剖面保持平衡。L_z 尽量大一些，以使得船舶的平衡性和稳性都比较好。因此，不平衡距离指标 f_1（X）可以表示为

$$f_1(X)=v_1L_y+v_2\frac{1}{L_z} \tag{4.3}$$

式中：v_1 和 v_2 分别为加权系数。

4.2.2.2 基于人机工效的指标 $f_2(X)$

从人机工效[120-121] 的角度来说，机舱内某些设备或者功能区之间有一个最佳距离 O_{ij}。指标 $f_2(X)$ 描述了此方面的评价，值越小越好。利用最小欧氏距离方法，$f_2(X)$ 表示为

$$f_2(X)=\sum_{i=1,j=1}^{q}\left[\frac{(X_i-X_j)^2}{O_{ij}}-1\right]^2 \tag{4.4}$$

式中：q 为有人机功效要求的设备数量；O_{ij} 为考虑人机功效要求的设备 i、设备 j 之间的最佳距离。

4.2.2.3 人员流通距离 $f_3(X)$

人员流通距离即从机舱外到达各机械设备以及各机械设备之间人员流通的广义距离。从安全方面考虑，机舱内的流通距离越小，当发生火灾或者机舱进水时船员逃生的机会就越大。人员流通距离 $f_3(X)$ 表示为

$$f_3(X)=\sum_{i=1}^{q}r_iT_i+\sum_{i=1,j=1}^{N}L_{ij} \tag{4.5}$$

式中：r_i 为机舱内各设备对应功能区的重要性权系数，$\sum_{i=1}^{q}r_i=1$；T_i 从机舱外到达各机械设备区的流通距离；L_{ij} 为机舱内人员从机械设备区 i 到 j 的流通距离。T_i 和 L_{ij} 分别表示为

$$\begin{cases}T_i=|x_i-x_d|+|y_i-y_d|\\L_{ij}=|x_i-x_j|+|y_i-y_j|\end{cases} \tag{4.6}$$

式中：x_d 和 y_d 为机舱内门或楼梯的位置坐标。

4.2.3 约束条件

4.2.3.1 领域约束

机舱布置机械设备时，机械设备之间的相对位置应该遵循布置准则、规

范和常规知识等。表 4.1 为部分机械设备的安装位置。

表 4.1　　机械设备安装位置

机械设备	安装距离/mm
主机外廓凸出部分与舱壁或辅助机械间距	>700
两台主机间距离	>1200
主机操纵台前通道宽度	>1200
辅助机械与辅助机械或辅助机械与舱壁的距离	>700
配电板的高度	<2000
总配电板前走道宽度（配电板长）	>800（L<3m） >1000（L>3m）
总配电板后走道宽度	600～800

考虑矩形图元的机械设备，如图 4.4 所示，将矩形图元设备简化为沿着机舱中线进行布置，其顶点坐标分别为：$(x_i-0.5a_i,\ y_i-0.5b_i)$，$(x_i-0.5a_i,\ y_i+0.5b_i)$，$(x_i+0.5a_i,\ y_i-0.5b_i)$ 和 $(x_i+0.5a_i,\ y_i+0.5b_i)$。矩形图元设备 i 绕 x 轴旋转角度 α_i 时，则机械设备与舱壁间的约束表示为

$$\begin{cases}\left|x_i-X_0-\dfrac{1}{2}b\sin\alpha-\dfrac{1}{2}a\cos\alpha\right|\geqslant L_i\\\left|Y_0-y_i-\dfrac{1}{2}b\cos\alpha-\dfrac{1}{2}a\sin\alpha\right|\geqslant L_i\end{cases}\tag{4.7}$$

式中：L_i 为矩形设备 i 到舱壁的最小距离。

考虑圆形图元的机械设备，如图 4.5 所示，则机械设备与舱壁间的约束表示为

$$\begin{cases}|x_j-X_0-r_j|\geqslant L_j\\|Y_0-y_j-r_j|\geqslant L_j\end{cases}\tag{4.8}$$

式中：L_j 为圆形设备 j 到舱壁的最小距离。

考虑矩形图元设备 i 和设备 j 的最小距离限制时，如图 4.6 所示的两种位置关系，约束条件表示为

$$\begin{cases}|x_i-x_j|-\dfrac{a_i+a_j}{2}>B\\|y_i-y_j|-\dfrac{b_i+b_j}{2}>B\end{cases}\tag{4.9}$$

式中：B 为设备 i 和设备 j 之间的最小距离。

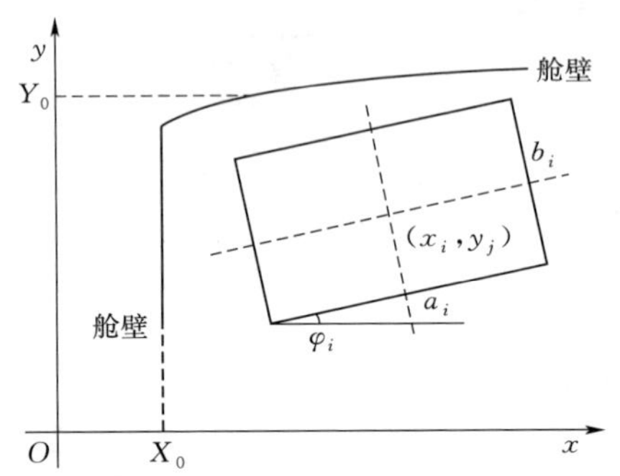

图 4.4　矩形图元设备与舱壁的位置关系

图 4.5　圆形图元设备与舱壁的位置关系

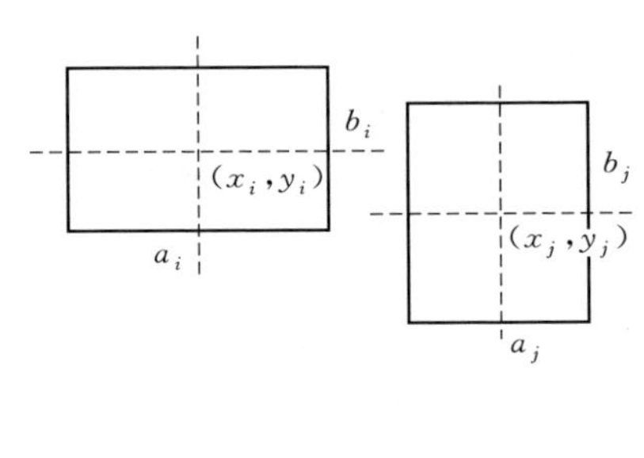

(a)位置关系 1

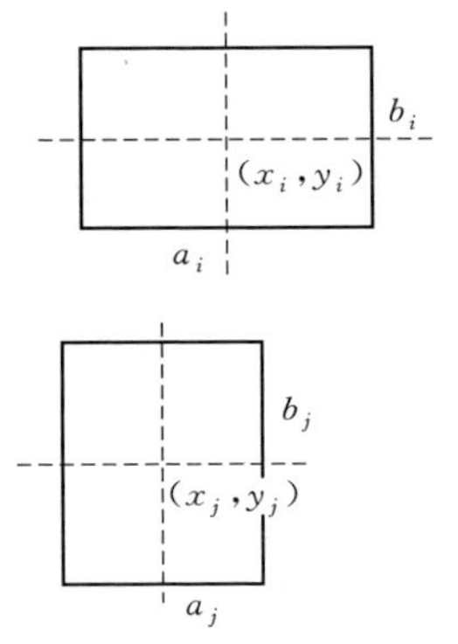

(b)位置关系 2

图 4.6　矩形图元设备之间的位置关系

考虑矩形图元设备 i 和圆形图元设备 j 的最小距离限制时，如图 4.7 所示的两种位置关系，约束条件表示为

$$\begin{cases} |x_i - x_j| - \dfrac{a_i + r_j}{2} > B \\ |y_i - y_j| - \dfrac{b_i + r_j}{2} > B \end{cases} \tag{4.10}$$

4.2.3.2　几何约束

机舱布置机械设备时，机械设备之间不产生干涉的空间位置约束条件。矩形图元设备之间的几何约束表示为

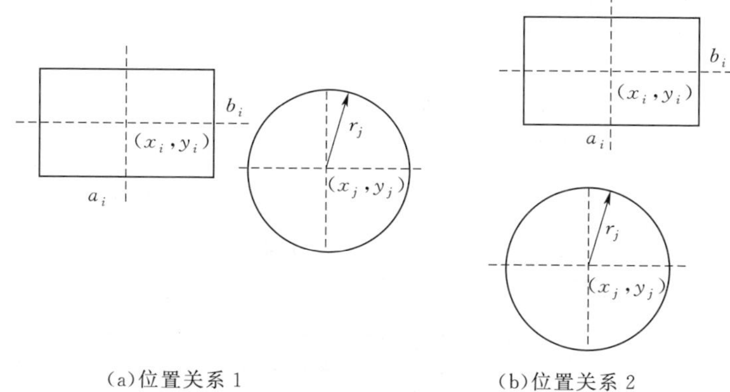

(a)位置关系 1　　(b)位置关系 2

图 4.7 矩形图元和圆形图元设备之间的位置关系

$$\begin{cases} |x_i - x_j| > \dfrac{a_i + a_j}{2} \\ |y_i - y_j| > \dfrac{b_i + b_j}{2} \end{cases} \tag{4.11}$$

矩形图元和圆形图元设备之间的几何约束表示为

$$\begin{cases} |x_i - x_j| > \dfrac{a_i + r_j}{2} \\ |y_i - y_j| > \dfrac{b_i + r_j}{2} \end{cases} \tag{4.12}$$

4.2.3.3 可维修性约束

良好的可维修性就是指维修人员在正常情况下不要额外的操作（例如拆装、搬动）就能接触到维修部位，并且有足够的维修操作空间[122]。零件拆卸的主体是人，拆卸工具是扳手，设备维修时扳手有足够的活动空间以及扳手的活动空间在人可活动的范围之内。

根据《中国成年人人体尺寸》(GB 10000—88)，中国成人人体尺寸数据见表 4.2[123]。依据人体工程学，站立操作时有利于工作的区域与方向见表 4.3。

表 4.2 中国成人人体尺寸数据

项　　目	男		女		项　　目	男		女	
	尺寸	均方根差	尺寸	均方根差		尺寸	均方根差	尺寸	均方根差
身高/mm	1678	57.9	1570	51.9	体重/kg	59	6.44	50	5.58

续表

项目	男		女		项目	男		女	
	尺寸	均方根差	尺寸	均方根差		尺寸	均方根差	尺寸	均方根差
上臂长/mm	313	14.6	284	13.7	腰围/mm	735	49.4	772	64.4
前臂长/mm	237	13.3	217	12.0	肩围/mm	875	40.8	900	45.1
大腿长/mm	465	22.3	438	21.9	坐高/mm	908	30.9	855	28.3
小腿长/mm	369	19.3	344	18.9	坐姿颈椎点高/mm	657	24.9	617	23.2
眼高/mm	1586	56.7	1454	50.2	坐姿眼高/mm	798	29.6	739	26.2
肩高/mm	1367	52.8	1271	45.1	坐姿肩高/mm	598	25.3	556	22.3
肘高/mm	1024	42.5	960	37.3	坐姿肘高/mm	263	21.0	251	21.5
手功能高/mm	741	36.5	704	31.8	坐姿大腿厚/mm	130	11.6	130	11.6
会阴高/mm	790	38.2	732	36.1	坐姿膝高/mm	493	22.3	458	20.6
颈骨点高/mm	444	21.5	410	20.2	小腿加足高/mm	413	17.6	382	21.9
胸宽/mm	280	16.3	260	17.6	坐深/mm	457	21.5	433	19.3
胸厚/mm	212	19.7	199	17.2	臂膝距/mm	554	23.6	529	20.6
肩宽/mm	375	19.3	351	20.2	坐姿下肢长/mm	992	42.9	912	36.9
最大肩宽/mm	431	20.6	397	21.5	坐姿臂宽/mm	321	15.9	344	21.0
臂宽/mm	306	14.2	317	18.0	坐姿两肘间宽/mm	422	29.6	404	33.5
胸围/mm	867	45.1	825	46.4					

机舱内设备维修时，主要工作是用扳手拧螺母、螺栓等旋转零部件，因此设备与设备之间、设备与舱壁之间的最小距离，要满足设备维修时扳手有足够的活动空间。根据表 4.2 和表 4.3 的人体尺寸和人站姿操作时的活动区域，确定设备与舱壁的相对位置。考虑矩形图元设备时，则维修性约束条件表示为

$$\begin{cases} |x_j - X_0 - a_j| \geqslant L_{\min} \\ |y_j - Y_0 - b_j| \geqslant L_{\min} \end{cases} \tag{4.13}$$

式中：$L_{\min}$ 为设备与舱壁的最短维修距离。

表 4.3　　人站姿操作时有利于工作的区域与方向

工作范围及方向的性质		人站姿操作姿势
手操作的有利工作区域	人站姿操作时，为使操作者有舒适的操作状态，获得较高的工作效率，躯干应处于不动的前提下，考虑手的活动范围： A 为手臂的最大可及的工作范围 B 为手臂的正常工作范围 C 为手臂的有效工作范围（活动频数应最低） D 为手臂的有利工作范围	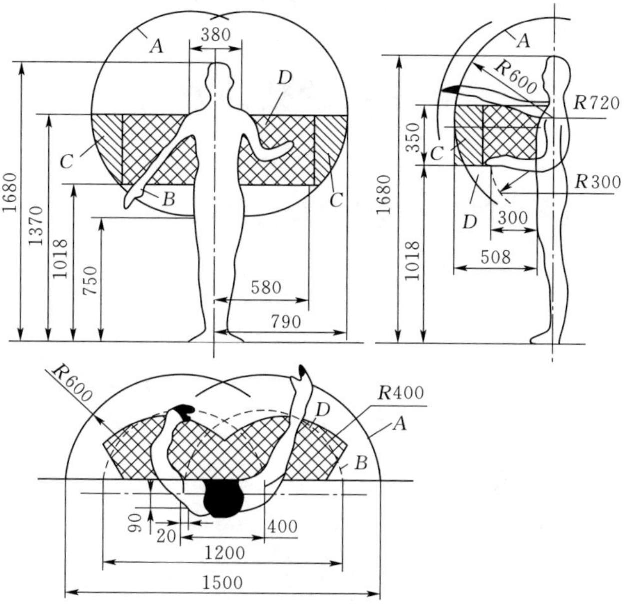
手的最佳操作方向	外侧向 60°：一只手工作时，最轻松，速度最快的运动方向 双侧向 30°：双手工作时，最轻松，速度最快的运动方向 双侧向 0°：双手准确，轻松，快速操作的最好方向	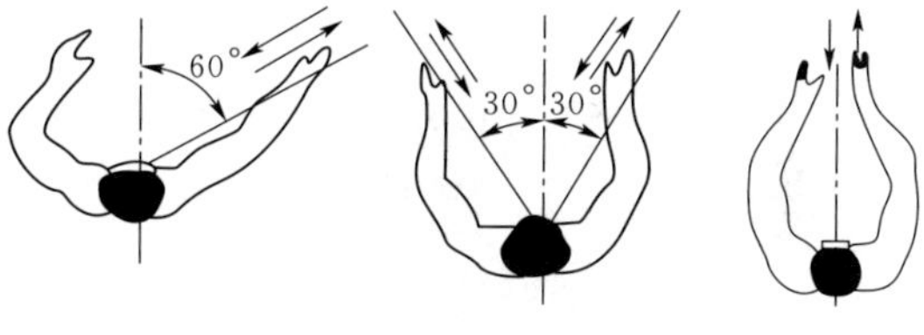
下肢要支撑的方式	人站姿操作状况时，下肢要支撑全身的重量，并保持人体在各种状态下的平衡和稳定，一般不允许有太大的操作活动范围。 C 为下肢的有效工作范围 D 为下肢的有利工作范围	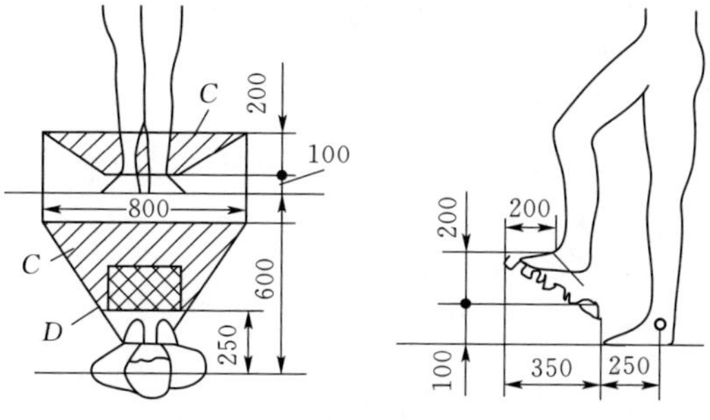

考虑圆形图元设备时，则维修性约束条件表示为

$$\begin{cases}|x_j - X_0 - r_j| \geqslant L_{\min} \\ |y_j - Y_0 - r_j| \geqslant L_{\min}\end{cases} \tag{4.14}$$

4.3 多目标函数的处理方法

4.3.1 多目标函数的转化方法

显然，渔船机舱布置优化是一个多目标优化问题。对于多目标优化问题的求解方法，传统的方法是将多目标转化为一个或多个单目标优化问题，通过单目标优化问题的最优化计算得到原来多目标优化问题的一个或多个最优解。目前，多目标函数转化的方法主要有加权法、主要目标法、极小化极大法、理想点法、分层排序法、重点目标法和分组排序法[124]。

4.3.1.1 加权法

通常，含有不等式和等式约束的多目标优化问题表示为

$$\begin{cases}\min\left[f_1(X), f_2(X), \cdots, f_n(X)\right] \\ \text{s.t. } g_u(X) \leqslant 0 \quad (u=1,2,\cdots,m) \\ h_v(X)=0 \qquad (v=1,2,\cdots,p)\end{cases} \tag{4.15}$$

式中：X 为设计变量；$\{f_1(X), f_2(X), \cdots, f_n(X)\}$ 为目标函数集合，n 为目标函数的数量；g_u 为不等式约束函数；m 为不等式约束函数的数量；$h_v(X)$ 为等式约束函数；p 为等式约束函数的数量。

加权法即采用专家打分或调查问卷等方式，对 n 个目标函数 $f_i(X)$（$i=1, 2, \cdots, n$）的重要程度分别赋予权系数 λ_i，然后将所有的子目标函数线性加权求和，形成新的单目标函数。因此，式（4.15）的多目标优化问题转化为

$$\begin{cases}\min \sum\limits_{i=1}^{n} \lambda_i f_i(X) \\ \text{s.t. } g_u(X) \leqslant 0 \quad (u=1,2,\cdots,m) \\ h_v(X)=0 \qquad (v=1,2,\cdots,p)\end{cases} \tag{4.16}$$

式中：权向量 λ 满足集合 $\Lambda=\left\{\lambda \mid \lambda>0, \sum\limits_{i} \lambda_i=1\right\}$。

4.3.1.2 主要目标法

选择子目标函数 $f_k(X)$ 作为主要目标，并定义为目标函数；其余 $n-1$ 个目标函数作为次要目标而转化为约束条件，则式（4.15）的多目标优化问题转化为

$$\begin{cases}\min f_k(X) \\ \text{s.t. } g_u(X) \leqslant 0 & (u=1,2,\cdots,m) \\ h_v(X)=0 & (v=1,2,\cdots,p) \\ f_i(X) \leqslant \mu_i & (i=1,\cdots,k-1,k,k+1,\cdots,n)\end{cases} \tag{4.17}$$

式中：$\mu_i(i=1, \cdots, k-1, k, k+1, \cdots, n)$ 为预先设定比较小的值。

4.3.1.3 极小化极大法

分别计算目标函数 $f_i(X)$（$i=1, 2, \cdots, n$）的最大值，并将 $\max f_i(X)$（$i=1, 2, \cdots, n$）的最大分量作为目标函数，则原多目标优化问题转化为

$$\begin{cases}\min \max\limits_{1 \leqslant i \leqslant n} f_i(X) \\ \text{s.t. } g_u(X) \leqslant 0 & (u=1,2,\cdots,m) \\ h_v(X)=0 & (v=1,2,\cdots,p)\end{cases} \tag{4.18}$$

4.3.1.4 理想点法

对于目标函数 $f_i(X)$（$i=1, 2, \cdots, n$），确定理想点 $f^0=(f_1^0, f_2^0, \cdots, f_n^0)$，其中 $f_i^0 \leqslant f_i(X)$（$i=1, 2, \cdots, n$），则原多目标优化问题转化为

$$\begin{cases}\min \ \| f(X)-f^0 \|_\alpha \\ \text{s.t. } g_u(X) \leqslant 0 & (u=1,2,\cdots,m) \\ h_v(X)=0 & (v=1,2,\cdots,p)\end{cases} \tag{4.19}$$

式中：$\| \cdot \|_\alpha$ 表示向量的范数。

4.3.1.5 分层排序法

根据目标函数的重要程度进行分层并排序，依次在前一层目标函数的最优解集中，寻找后一层目标的最优解集，最后一个目标层的最优解集作为多目标函数的最优解。假如 $\min f_1(X)$ 的最优解集为 S^1，则 $S^n \subseteq S^{n-1} \cdots \subseteq S^1$ 就是多目标优化问题的有效解。

4.3.1.6 重点目标法

在多目标函数中，首先确定最重要的目标函数 $f_k(X)$，求得 $\min f_k(X)$ 的最优解集为 S^k，则将原多目标优化问题转化为在该解集上求解其余 $n-1$

个目标函数的多目标优化问题：

$$\begin{cases} \min\limits_{X \in S^k} [f_1(X), \cdots, f_{k-1}(X), f_k(X), f_{k+1}(X), \cdots, f_n(X)] \\ \text{s. t. } g_u(X) \leqslant 0 \quad (u=1,2,\cdots,m) \\ h_v(X)=0 \quad (v=1,2,\cdots,p) \end{cases} \tag{4.20}$$

4.3.1.7 分组排序法

根据相似程度或重要程度，将多目标优化问题中的各个目标划分成若干个组，每组就是一个新的多目标优化问题。采用分层排序法，从上一组的最优解集中寻找下一组的最优解，并将最后一组得到的最优解集作为原多目标优化问题的最优解。

4.3.2 评价指标的标准化

渔船机舱布置优化问题中，分别考虑了不平衡距离指标、基于人机工效的指标和人员流通距离指标，由于三个评价指标的物理含义不同以及量纲的差距，因此，将多目标函数（评价指标）转化为单目标函数时，需要对各评价指标进行标准化。评价指标标准化的方法主要有标准化法、阈值法、比重法和非线性标准化法等。

4.3.2.1 标准化法

对于多组不同量纲的评价指标进行比较时，采用统计学中的标准化方法，表示为

$$F_i = \frac{f_i - \bar{f}}{\sqrt{\dfrac{1}{n}\sum\limits_{i=1}^{n}(f_i - \bar{f})^2}} \tag{4.21}$$

式中：$\bar{f}$ 为同组内评价指标的均值，$\bar{f} = \dfrac{1}{n}\sum\limits_{i=1}^{n} f_i$，$n$ 为同组内评价指标的数量。

4.3.2.2 阈值法

阈值法即评价指标的实际值与初始设定值（阈值）的比值，表示为

$$F_i = \frac{f_i}{\max\limits_{1 \leqslant i \leqslant n} f_i} \tag{4.22}$$

4.3.2.3 比重法

比重法即评价指标的实际值转化为其在指标总和中的比重，表示为

$$F_i = \frac{f_i}{\sqrt{\sum_{i=1}^{n} f_i^2}} \tag{4.23}$$

4.3.2.4 非线性标准化法

根据评价对象的不同以及评价者的经验，常见的非线性标准化法有折线型和曲线型标准化法。

这里，采用加权算法和阈值法，则机舱布置优化问题的目标指标转化为

$$f(X) = w_1 \frac{f_1(X)}{f_1^0(X)} + w_2 \frac{f_2(X)}{f_2^0(X)} + w_3 \frac{f_3(X)}{f_3^0(X)} \tag{4.24}$$

式中：$w_i(i=1, 2, 3)$ 为加权系数；$f_i^0(X)$ $(i=1, 2, 3)$ 为初始基准方案的指标值。

4.4 人机结合的量子行为粒子群/遗传算法

布局优化在数学上属于组合最优化问题，既可能出现组合爆炸的现象，又存在各类应用的复杂性。国内外许多学者都对复杂布局问题进行了探讨，其中人与进化算法的交互操作，实现人工个体与进化算法个体在基因层面上的结合，成为复杂系统布局优化的发展方向。QIAN 等[125] 给出一种人机结合的遗传算法，实现了人工解和算法解在算法操作中的结合，并将其应用于简化卫星舱布局方案设计。唐晓君等[126] 提出一种在虚拟环境下求解聚块布局问题的人机结合模拟退火算法，并将此方法用于集装箱的布局优化问题求解。因此，在此基础上，采用人机结合的量子行为粒子群/遗传算法进行渔船的机舱布置优化，并通过虚拟仿真技术实现问题的求解。

4.4.1 量子行为粒子群/遗传算法

4.4.1.1 量子行为粒子群算法

为了解决粒子群算法的全局收敛性问题，孙俊、赵晶[127-128] 提出了量子行为粒子群算法（Quantum - behaved Particle Swarm Optimizaiton，QPSO），通过构建波动函数和量子势阱概率密度函数，实现量子行为粒子群算法中的粒子位置更新。假定初始粒子群数量为 M 个，第 i 个粒子位置为 $x_t^i=(x_t^{i,1}$，$x_t^{i,2}$，…，$x_t^{i,n})$，则粒子的位置更新公式为

$$\begin{cases} x_{t+1}^i = p_t^i + \alpha \mid C_t - x_t^i \mid \ln(1/u_t^i) \\ \alpha = \alpha_1 + \dfrac{(\alpha_0 - \alpha_1)(t_{\max} - t)}{t_{\max}} \\ p_t^i = \varphi_t P_t^i + (1-\varphi_t) P_t^g \\ C_t = \left[\dfrac{1}{M} \sum_{i=1}^{M} P_t^{i,1}, \dfrac{1}{M} \sum_{i=1}^{M} P_t^{i,2}, \cdots, \dfrac{1}{M} \sum_{i=1}^{M} P_t^{i,n} \right] \end{cases} \tag{4.25}$$

式中：p_t^i 为第 i 个粒子的吸引子；P_t^i、P_t^g 分别为个体的最好位置和群体的全局最好位置；α 为控制参数；α_1、α_0 分别为控制参数的初始值和终止值，$\alpha_0 < \alpha_1$；$t_{\max}$ 为总的迭代次数；t 为当前迭代次数；C_t 为群体的平均最好位置；u_t^i、φ_t 为服从（0，1）的随机分布。

4.4.1.2 量子行为遗传算法

量子行为遗传算法[129] 借助量子比特的概率幅进行染色体编码，并引入量子门机制对染色体进行更新，相比较传统遗传算法，具有更快的收敛速度和良好的群体多样性。量子行为遗传算法的实现过程[130-131] 为：

（1）初始化种群。量子行为遗传算法中，基因等同于量子位。假定初始种群 $Q_t = \{q_t^1, q_t^2, \cdots, q_t^M\}$，其中 M 为种群大小；t 为进化代数；q_t^i 为第 t 代进化中第 i 个量子染色体，表示为

$$q_t^i = \begin{bmatrix} \alpha_t^{i1} \\ \beta_t^{i1} \end{bmatrix} \begin{vmatrix} \alpha_t^{i2} \\ \beta_t^{i2} \end{vmatrix} \cdots \begin{bmatrix} \alpha_t^{in} \\ \beta_t^{in} \end{bmatrix} \tag{4.26}$$

式中：n 为染色体的长度，即量子位数；α、β 分别为 $|0\rangle$ 和 $|1\rangle$ 的概率幅，$|\alpha|^2 + |\beta|^2 = 1$。

（2）量子坍塌。根据量子位的概率幅 $|\alpha_t^{ij}|^2$ 或 $|b_t^{ij}|^2$，确定二进制解集 $X_t = \{x_t^1, x_t^2, \cdots x_t^M\}$，其中 $x_t^i = \{x_t^{i1}, x_t^{i2}, \cdots x_t^{in}\}$。

（3）适应度计算。通常，目标函数即取作为适应函数。将量子坍塌生成的群体 $X_t = \{x_t^1, x_t^2, \cdots x_t^M\}$ 代入目标函数，得到适应度值。

（4）量子门更新。常用的量子门包括量子非门（Quantum Not Gate）、量子受控非门（Quantum Controlled Gate）、Hadamard 门和量子旋转门（Quantum Rotation Gate）等。采用量子旋转门实现量子比特的更新，表示为

$$\begin{bmatrix} \alpha_t^{i*} \\ \beta_t^{i*} \end{bmatrix} = \begin{bmatrix} \cos\theta & -\sin\theta \\ \sin\theta & \cos\theta \end{bmatrix} \begin{bmatrix} \alpha_t^i \\ \beta_t^i \end{bmatrix} \tag{4.27}$$

4.4.2　人机结合技术

人工个体与算法个体的结合关系，如图 4.8 所示[125]。粒子群/遗传算法的个体（染色体）采用编码串的形式表示，因此需要将人工解转换成编码串的形式（人工个体），同时将人工个体补充到粒子群/遗传算法个体中，形成新的种群，进行交叉、变异等操作。

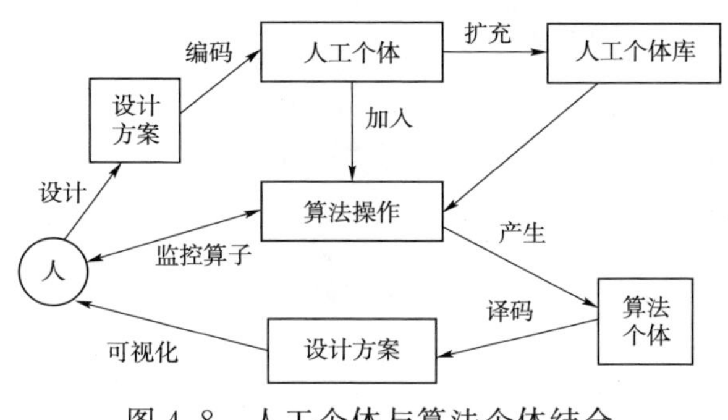

图 4.8　人工个体与算法个体结合

通过人机界面和经验判断，以及根据算法迭代过程中的适值判断，选择加入人工个体。主要考虑两种情况：种群中的一定数量的个体与最优个体的分布空间比较集中或者连续进化 k 代而染色体的适值不变。人机结合粒子群/遗传算法描述如下：

（1）确定粒子群（种群）规模 M（整数），并随机产生 M 个粒子（染色体）组成初始粒子群（种群）。

（2）计算粒子群（染色体）的适值函数。

（3）重复。

1）量子粒子群操作。

2）量子旋转门法进行种群个体更新。

3）计算粒子（染色体）的适值函数。

4）生成并保存粒子个体最优值 p_k^i 和群体全局最优值 p_k^g。

5）人机交互：①构建人工个体；②虚拟仿真。

6）比较粒子（染色体）的适值，产生新的粒子群（种群）。

（4）检查终止准则是否满足。

4.4.3　基于虚拟仿真技术的人机结合实现

虚拟仿真技术[132] 是在现代科学技术（如计算机图形学、图形处理技术、计算机仿真技术、人机接口技术、实时分布处理技术、数据库技术、多媒体技术、多传感器技术和人的行为学等）基础上发展起来的一门交叉科学技术。基于 Solidworks、Pro－E 等三维绘图软件，逐步建立船体结构、设备及零部件的模型，完成机舱空间的三维结构布置，实现布置的可视化[133]。随着设计进程，方便进行设备移动操作，还可以对舱壁、设备和附件进行干涉检查。

第 5 章 渔船的管路布局优化

船舶管系是分布于船舶各舱室及甲板用以传输气体或液体的管路系统，其主要由管子、阀、法兰、管子支撑、管子连接件和设备等组成。管路布局优化是在给定的几何、拓扑、技术、规则等约束中求解各种可行管路布置结果的过程。从几何意义上看，也就是在限定的布置空间中，管路从指定起点开始寻找出一条不与其他布置物体（舱壁、机器设备、过道、已敷设的管路等）发生干涉现象，且满足经济约束、安全及规范约束、生产及安装约束、操作及维护约束等各约束条件的到指定终点的无碰路径。一般情况下，管系的附属设备安装在船舶的机舱内，因此管路布局优化一定要考虑机舱的布置。

从 1970 年开始，国内外许多学者对管路布局设计问题进行了研究，通常采用的方法有试凑法、动态规划法、迷宫法、逃逸法、网络优化法、Zhu 方法、遗传算法、专家系统、模糊集理论和蚁群算法等。相比较而言，由于专家系统涉及的知识太多，技术复杂，技术不成熟，实际工程问题求解中遇到很多问题。遗传算法和蚁群算法则应用起来比较方便，尤其是基于这两种算法的混合算法或改进算法。ITO[134] 首先将遗传算法应用到管路布局优化之中。范小宁等[135-136] 提出变长度编码技术和相应遗传算子，并构建多蚁群协作式协同进化算法，用以解决船舶管路布局优化问题。王运龙等[137] 对管路的智能布局方向指导机制进行了研究，提出了方向参数的设置方案，并运用改进遗传算法对船舶管路进行了布局优化设计。樊江等[138] 在遗传算法的基础上采用协作进化的思想研究多条管路同时敷设的方法。白明[139] 结合船舶管路布线的具体问题，对遗传算法进行了改进并应用于船舶管路的布线优化。刘少卿[140] 将可维修性设计技术应用到船舶管路布局设计当中，并应用遗传算法进行求解。

本章结合渔船的管路布局要求，分别考虑空间约束、成本约束、操作约束和审美约束，以管路的路径长度、弯头拐点数量和管路与障碍物的碰撞次数为目标函数构建渔船管路布局优化的数学模型。引入管路的路径矩阵，简化了路径长度、弯头拐点数量和管路与障碍物的碰撞次数的求解。采用传统遗传算法进行模型求解。

5.1 渔船的管路布局要求

5.1.1 安全要求

(1) 当船舶上的电缆走向与带有热量的管系平行时，管子距离电缆间距应该在1000mm以上，交叉时间距也不能小于80mm。带有热量的管系包括蒸汽管系、排水管系、排气管系等。

(2) 油管尽量不要铺设在靠近热源的地方，如锅炉、烟道、排气管、消音器等管子和设备。

5.1.2 生产及安装要求

(1) 管路布置应该注意各个管系的相对位置，如在机舱的管系布置中，舱底水管系在最下面，压载水管系、燃油管系、滑油管系在中间，通风管系在上面。

(2) 管子布置时在垂直方向上尽量合理，大直径管子靠近底板，中小直径管子布置在上方，布置在下面的管子法兰边缘距离内底板应不小于50mm。

(3) 管系之间的距离间距：平行或交叉管子，邻近两个管子的外边缘的间距不小于20mm，相邻法兰交叉距离在150mm左右，如图5.1所示。

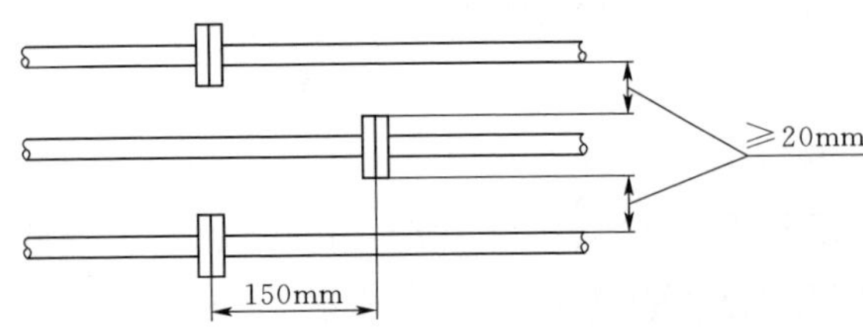

图5.1 管路布置中相邻法兰的位置

(4) 对于某些需要安装包扎绝缘层的特殊相邻管子，管子间的间距应该加上管子及管子附件的绝缘层厚度后，其最小间距应该不小于20mm。

(5) 压载水系统的吸口应

该布置在客舱的最低位置。

(6) 排污水管布置须有 2°～3°的倾斜。

(7) 管子的弯曲半径为管外径的 3 倍。

(8) 在管子的附近法兰不能太靠近弯头，其距离弯曲处至少有一定的直线段，其直线段长度一般不小于 50mm。

(9) 支管应该布置在管子的两端口处 150mm 左右，以便于清洁打磨。

5.1.3 操作及维护要求

(1) 管路的附件在布置时要尽可能地沿着船体或者箱柜平行或者垂直布置，以方便在安装或者检修拆卸时操作。管路应尽量沿着舱壁、设备布置，管路支架正交并成束敷设，以简化支撑、节省空间及美化外观。

(2) 为了方便维修，管路阀件的布置要满足正常人行通道，一般间距不小于 800mm，工作通道不小于 600mm。机舱的净高度不小于 2000mm，上层建筑房间、走道的净高度要达到 2100mm 以上。

(3) 当电缆、管子、通风管在走向相同时，应是由上而下，按照电缆、管子和风管的顺序布置设计，如图 5.2 所示。

(4) 淡水管不得通过油舱，同样油管和海水管路也不能通过淡水舱。如果不可避免，则应该设计为密封套管。其他管子在通过燃油舱时应该加厚管壁，而且在舱内不可以设置可拆接头。

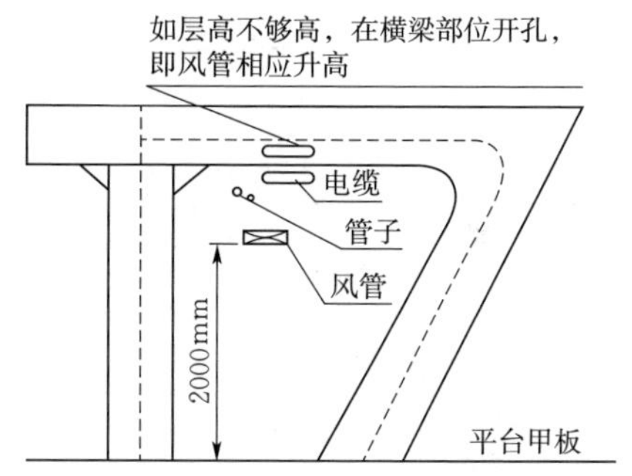

图 5.2 电缆、管子、风管相对位置

(5) 空气管道要布置在货舱的最高部位，且走向不能有波浪形的起伏。在货舱区域的槽型隔舱或者平面隔舱的扶强材之间，以及肋骨之间，布置的管路不能超过两条。

5.1.4 经济性要求

(1) 直管子选用时要尽量选用标准长度值，目前管系的长度标准值有 6m、4m、3m、2m。

(2) 如果平面弯曲管其两边不容易取同样的长度时，弯曲角应该取特殊角度，如 15°、30°、45°、60°等。

(3) 空气管道在布置时要平直弯曲向上，不准许有起伏的现象。

5.2 渔船管路布局优化的数学模型

船舶管路布局优化时，需要遵循一定的约束准则，主要考虑的有[141]：

(1) 空间约束：避开障碍物，包括舱壁、机械设备、已经存在的管路、危险区和禁止区等。

(2) 成本约束：管路长度要求最短，弯头数量要求最少。

(3) 操作约束：管路应尽量贴近舱壁、设备及管路支架等物体。

(4) 审美约束：管路应尽量相互正交敷设，避免杂乱无章。

将管路布局空间简化为长方体的模型空间，并将模型空间分割为 $L\times B\times H$ 个三维网格节点，建立一个笛卡儿坐标系，每个节点按行、列、层被赋予唯一的空间坐标 (x, y, z)。一条路径是由起始位置到终止位置、由若干线段组成的折线，线段的端点即节点，如图 5.3 所示。

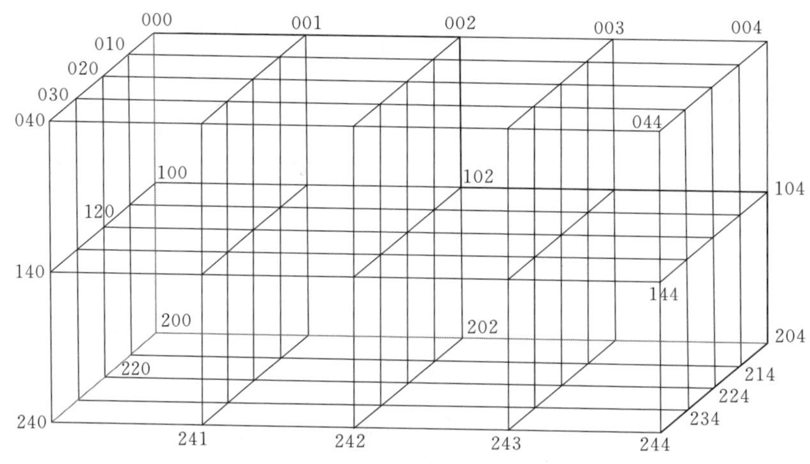

图 5.3　三维网格节点坐标

任何相邻节点，后一节点必须是前一节点在空间三个方向的邻接点，满足管路布局应尽量相互正交敷设准则。比如：节点 i 的坐标为 (x_i, y_i, z_i)，前后六个相邻节点分别为：(x_i-1, y_i, z_i)、(x_i, y_i-1, z_i)、(x_i, y_i, z_i-1)、(x_i+1, y_i, z_i)、(x_i, y_i+1, z_i) 和 (x_i, y_i, z_i+1)。图中的管路路径表示为

$P\{(0,0,0)\rightarrow(0,0,1)\rightarrow(0,0,2)\rightarrow(1,0,2)\rightarrow(1,0,3)\rightarrow(1,0,4)\rightarrow(2,0,$

4)→(2,1,4)→(2,2,4)→(2,3,4)→(2,4,4)}

5.2.1 设计变量

渔船管路布局优化是为了确定指定起点和指定终点之间的管路路径，因此设计变量为管路路径的节点坐标 P，表示为

$$P=\{(x_1,y_1,z_1),(x_2,y_2,z_2),\cdots,(x_n,y_n,z_n)\} \tag{5.1}$$

式中：n 为管路节点的数量；(x_i, y_i, z_i)（$i=1$, 2, …, n）分别为路径节点 i 的 x 坐标、y 坐标和 z 坐标。

5.2.2 目标函数

根据上述管路布局的约束准则，管路布局优化的目标函数包括管路路径的总长 $J(P)$、管路路径的弯头拐点数量 $W(P)$ 和管路与障碍物的碰撞次数 $C(P)$。经过评价指标的标准化处理（见 4.3.2），管路布局优化的目标函数 $f(P)$ 表示为

$$f(P)=\mu\overline{J(P)}+\lambda\overline{W(P)}+\eta\overline{C(P)} \tag{5.2}$$

式中：μ、λ 和 η 为权重系数；$\overline{J(P)}$ 为管路路径总长的标准化值，$\overline{J(P)}=J(P)/J_{\max}$，$J_{\max}$ 为初始设定管路总长的最大值；$\overline{W(P)}$ 为管路路径弯头拐点数量的标准化值，$\overline{W(P)}=W(P)/W_{\max}$，$W_{\max}$ 为初始设定管路弯头拐点数量的最大值；$\overline{C(P)}$ 为碰撞次数的标准化值，$\overline{C(P)}=C(P)/C_{\max}$，$C_{\max}$ 为初始设定碰撞次数的最大值。

路径 P 的总长 $J(P)$ 表示为

$$J(P)=\sum_{i=1}^{n-1}l(p_i,p_{i+1}) \tag{5.3}$$

式中：$l(p_i$, $p_{i+1})$ 为路径 P 相邻节点间的距离。

路径 P 的弯头拐点数量 $W(P)$ 表示为

$$W(P)=\sum_{i=1}^{n}w_i \tag{5.4}$$

其中

$$w_i=\begin{cases}1, & p_i\neq\dfrac{p_{i-1}+p_{i+1}}{2}\\ 0, & \text{其他}\end{cases}$$

式中：p_i 为路径 P 节点 i 的位置坐标。

管路布局空间中的路径节点 i 赋予能量值 e_i，能量值越小，管路经过该

节点的概率就越大，该节点越具有优先权。这里，有障碍物的节点处，赋予该节点的能量值为 $e=1$。管路与障碍物的碰撞次数 $C(P)$ 表示为

$$C(P)=\sum_{i=1}^{n} c_i \tag{5.5}$$

其中

$$c_i=\begin{cases}1, & e_i=1\\0, & e_i=0\end{cases}$$

式中：c_i 为路径 P 的节点 i 是否与障碍物碰撞；e_i 为节点 i 的能量值。

5.2.3 约束条件

这里主要考虑维修性因素。单管路布局优化时，管路与设备、舱壁等障碍物的距离必须大于维修距离 $L_{\min}$。因此，约束条件表示为

$$D(P)-L_{\min}\geqslant\delta \tag{5.6}$$

式中：$D(P)$ 为路径 P 与设备和舱壁等障碍物的距离；$L_{\min}$ 为路径 P 距离障碍物的最短距离；δ 为适当小的正常数。

多管路布局优化时，第二条管路不仅要满足与设备、舱壁等障碍物的距离必须大于维修距离 $L_{\min}$，而且与已生成管路的距离大于 $L_{\min 2}$。因此，约束条件表示为

$$\begin{cases}D(P)-L_{\min}\geqslant\delta\\D_2(P)-L_{\min 2}\geqslant\delta_2\end{cases} \tag{5.7}$$

式中：$D_2(P)$ 为路径 P 与已生成管路的距离；$L_{\min 2}$ 为路径 P 距离已生成管路的最短距离；δ_2 为适当小的正常数。

5.3 自适应遗传算法的管路布局优化

5.3.1 遗传算法的编码

采用遗传算法进行编码时，一条路径对应种群中的一个染色体，图 5.3 的管路路径 P 即

000	001	002	102	103	104	204	214	224	234	244

为了更方便地编码和进行运算，引入一个 $3\times n$ 矩阵，矩阵的每一列表示一个节点，列的顺序代表着节点在坐标中的顺序。因此，将路径 P 可以改

写成如下形式的矩阵：

$$A=\begin{bmatrix}0 & 0 & 0 & 1 & 1 & 1 & 2 & 2 & 2 & 2 & 2\\ 0 & 0 & 0 & 0 & 0 & 0 & 0 & 1 & 2 & 3 & 4\\ 0 & 1 & 2 & 2 & 3 & 4 & 4 & 4 & 4 & 4 & 4\end{bmatrix} \tag{5.8}$$

设置路径矩阵时，需要注意的是：

（1）一条管路的路径必须是由起始点指向终点，中间由若干个线段组成。

（2）矩阵的第一列必须是路径的起点，最后一列必须是路径的终点。

（3）每个相邻的列必须是相邻的节点，中间不能有任何的间断或者跳跃。

（4）每条路径中不能有相同的节点。如图 5.4 所示，路径 P_1 和 P_2 具有相同的节点（0，0，0）和（0，0，1），不能称其为两条路径。

P_1

000	001	003	103	104

P_2

000	001	002	001	000

图 5.4　相同节点路径示意

通过上述的路径分析可知，每个管路路径的长度是不确定的，但是每个节点的空间位置一定是由三个有序实数组成，即当路径采用矩阵来表示时，矩阵路径一定是 $3\times n$ 型矩阵。

5.3.2　适应值函数

管路布局优化的目标函数中包含管路路径的总长 $J(P)$、管路路径的弯头拐点数量 $W(P)$ 和该路径与障碍物的碰撞次数 $C(P)$。引入管路路径的能量函数 $E(P)$ 以表征管路应尽量贴近舱壁、设备及管路支架等物体以及可维修的距离约束。适应值函数 Fitness(P) 表示为

$$\text{Fitness}(P)=C-\mu\overline{J(P)}-\lambda\overline{W(P)}-\eta\overline{C(P)}-\gamma\overline{E(P)} \tag{5.9}$$

式中：C 为一个足够大的常数，保证适应值非负；γ 为权重系数；$\overline{E(P)}$ 为管路路径总能量值的标准化值，$\overline{E(P)}=E(P)/E_{\max}$，$E_{\max}$ 为初始设定路径能量值的最大值。

根据管路的设计要求可知，在管路铺设过程中，要避开障碍物和某些危险区域，同时，管路和管路之间、管路和设备以及舱壁等障碍物之间要保持一定的距离。因此，将管路布局空间划分为禁止区、过渡区、一般区和优势区。禁止区包括舱壁、过道、已生成管路、设备和维修空间，该区域网格节

点的能量值 e_i 设为1。根据管路应尽量沿着墙、设备及管路支架的规则，将这些区域向外扩展一定距离并定义为优势区，该区域网格节点的能量值 e_i 设为0。而对于一般区和过渡区，网格节点的能量值则是关于相对位置的线性函数。图5.5分别表示贴近区域和远离区域障碍物的能量值分布。

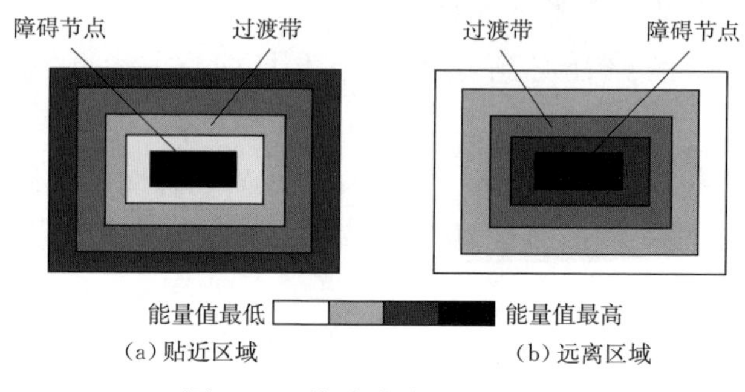

图5.5 管路节点的能量值

路径 P 的能量值 $E(P)$ 表示为

$$E(P)=\frac{\sum_{j=1}^{m}\sum_{i=1}^{n}e_j(p_i)}{m} \tag{5.10}$$

式中：$e_j(p_i)$ 为第 j 个障碍物在路径节点 i 处的能量值；m 为障碍物的数量。

当采用路径矩阵时，由于相邻节点间的距离都是一定的，即一个单位长，则路径总长就是总节点数，也是该路径矩阵的列数。

计算弯头拐点数量时，采用方向向量法。将原始路径矩阵 P 中的第 $i(i\geqslant 2)$ 列减去第 $i-1$ 列，形成一个新的矩阵 B，表示为

$$B=\begin{bmatrix}0&0&1&1&1&0&0&0\\0&0&0&0&0&1&1&1\\1&1&0&0&0&0&0&0\end{bmatrix} \tag{5.11}$$

将矩阵 B 的每一列与后一列比较，统计相邻列不相同的个数，如果相邻的列不相同，则表示此处就是一个弯头。显然，矩阵 P 中在第三个和第六个节点后各有一个弯头，即 $W(P)=2$。

求解管路路径的能量值时，将路径矩阵和障碍物矩阵每一列进行比较，判断是否有相同的列向量。如果列向量相同，该处节点的能量值为1，否则为0，然后将能量值累加起来，即是该路径矩阵的总能量值。

假设障碍物矩阵 Z 为

$$Z=\begin{bmatrix}1 & 2 & 1 & 2\\ 0 & 0 & 1 & 1\\ 3 & 3 & 3 & 3\end{bmatrix} \tag{5.12}$$

显然，路径矩阵 P 和障碍物矩阵 Z 相同的列为

$$E=\begin{bmatrix}1 & 2\\ 0 & 0\\ 3 & 3\end{bmatrix} \tag{5.13}$$

则，相同的列数为 2，即 $E(P)=2$。

5.3.3　交叉算子

遗传算子包括染色体的选择、交叉和变异。在借鉴前人的研究成果基础上，仍然采用轮盘赌选择，但是采取一定精英保护措施，即当比较优秀的个体即使没有被选择的时候仍然会进入下一代的遗传。

根据交叉的两个父代矩阵特点，将交叉操作分为有相同节点的交叉和无相同节点的交叉。

5.3.3.1　有相同节点的交叉算子

从第一个相同的节点处交叉，互换两个染色体路径，在相同节点后的路径，生成新一代子代路径，如图 5.6 所示。

父代 P_1

105	115	125	225	226	227

父代 P_2

222	223	224	225	235	236

子代 P_1'

105	115	125	225	235	236

子代 P_2'

222	223	224	225	226	227

图 5.6　具有相同节点的交叉操作示意

5.3.3.2　无相同节点的交叉算子

如图 5.7 所示，选择随机交叉点方法交叉，即在每一个父代的染色体管路路径中随机选择一个交叉点，然后再在这两个交叉点中形成一个子路径，相当于在无交叉节点的父代中，人为地增加了一系列的相同交叉点。图中选择节点（1，1，6）和节点（0，1，4）；则子路径 Q 为：$Q=\{(1,1,6)\rightarrow$

(0, 1, 6)→(0, 1, 5,)→(0, 1, 4) }。

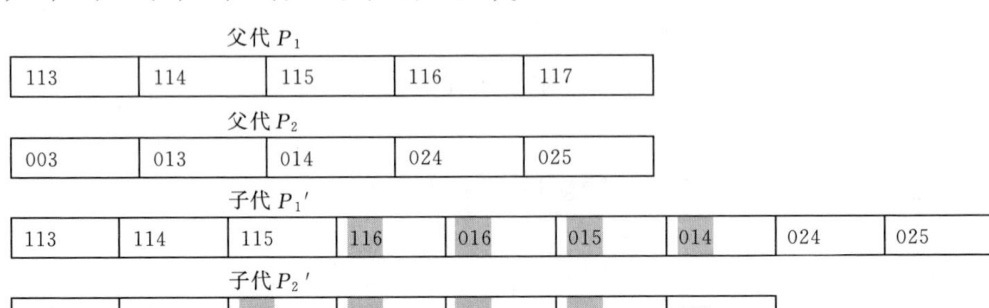

图 5.7 无相同节点的交叉操作示意

5.3.4 变异算子

染色体的变异就是在父代的染色体管路路径中随机删除或者增加一段子路径，如图 5.8 所示。增加去弯头操作、绕障操作和去环操作[140]，避免非法个体的产生，保证节点相互衔接并且没有跳跃的间断点。

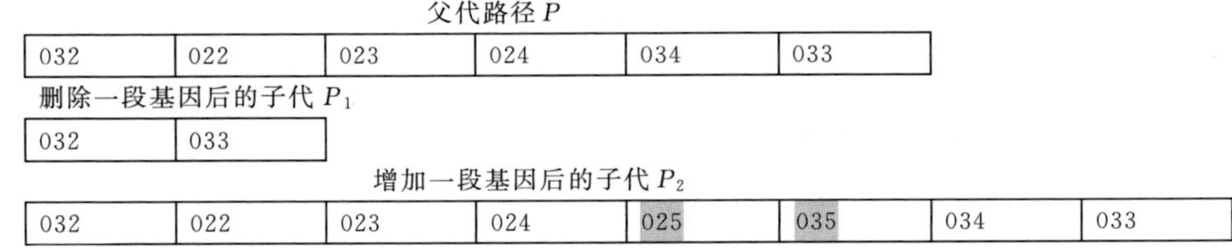

图 5.8 变异操作示意

因此，基于自适应遗传算法，管路布局优化过程如下：

(1) 确定种群规模 M（整数)，并随机产生 M 个染色体组成初始种群。

(2) 计算染色体的适值函数。

(3) 重复。

1) 确定交叉概率 p_c 并进行交叉操作。

2) 确定变异概率 p_m 并进行变异操作。

3) 计算染色体的适值函数。

4) 选择操作，比较染色体的适值，产生新的种群。

(4) 检查终止准则是否满足。

5.4 管路布局优化算例

假定图 5.3 为初始优化空间，设置 5 个长方体障碍物。将正方体划分成

10×10×10 个小网格，管路路径的起始点为坐标为原点（0，0，0），终点为（10，10，10）。障碍物的顶点坐标见表 5.1。

表 5.1 障碍物的顶点坐标

障碍物 1	障碍物 2	障碍物 3	障碍物 4	障碍物 5
0，9，0	5，0，0	10，0，5	1，0，0	2，0，10
0，10，0	6，0，0	10，0，6	2，0，0	3，0，10
0，9，1	5，1，0	9，0，5	1，0，5	2，0，9
0，10，1	6，1，0	9，0，6	2，0，5	3，0，9
10，9，0	5，0，10	10，10，5	1，4，0	2，10，10
10，10，0	6，0，10	10，10，6	2，4，0	3，10，10
10，9，1	5，1，10	9，10，5	1，4，5	2，10，9
10，10，1	6，1，10	9，10，6	2，4，5	3，10，9

采用遗传算法进行管路布局优化求解，相关参数设置分别为：种群数量 $M=8$；交叉概率 $p_c=0.6$；变异概率 $p_m=0.1$；适应值函数中 $C=1000$；权重系数 $\mu=0.03$；权重系数 $\lambda=0.04$；权重系数 $\eta=\gamma=10$。

经过 100 次迭代，得到最优路径如图 5.9 所示，路径节点数（长度）为 31，拐点弯头数为 5，路径优化迭代过程如图 5.10 所示。

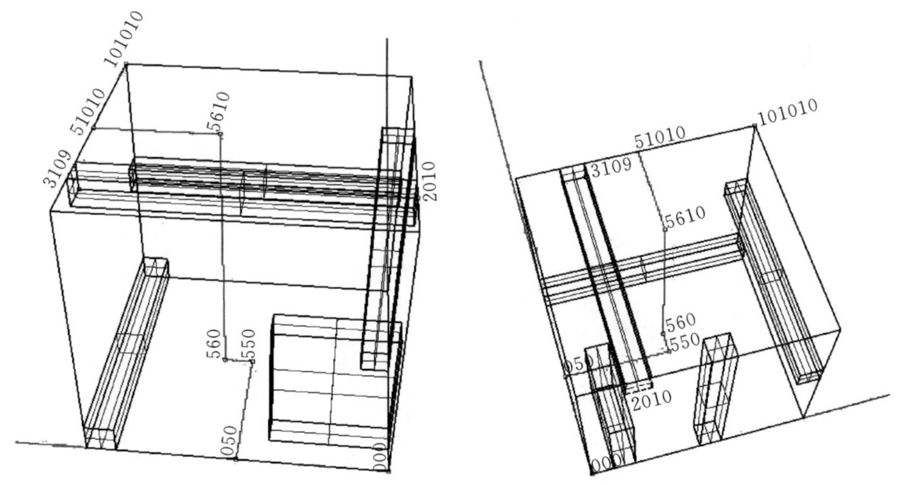

图 5.9 优化后的最优路径

相比较单管路而言，多管路布局优化的编码方式、种群设置、遗传算子操作等基本相同。只是当第一条管路生成之后，第二条管路设置约束条件时，需要将第一条管路设定为障碍物。另外，借助三维绘图软件，实现在一个虚拟的三维空间里，设备和管路的虚拟布局，可以更直观地观察渔船管路布局的优劣。

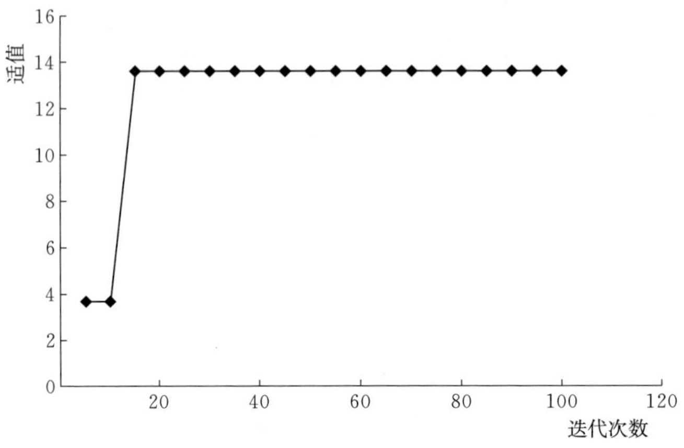

图5.10　路径优化迭代过程

第 6 章 基于多智能体的渔船动力装置优化

渔船动力装置设计通常是根据渔船设计任务书的要求，和船体设计同时进行，其设计流程包括方案设计、技术设计、施工设计和完工文件编制等四个阶段。从设计内容角度看，渔船动力装置设计包括推进装置设计、辅助供能装置设计、管路系统与设备设计及机舱布置总体设计四部分。传统船舶动力装置设计往往采用母型改造的方法，依据设计者的经验、规范或有限的分析和试验。渔船动力装置须全面地、综合地进行设计、通盘考虑，包括动力装置与总体性能、动力装置与其他专业、动力装置内部各子系统之间的综合平衡和匹配，以实现预定的技术经济指标。

20 世纪 90 年代，挪威首次提出了“绿色船舶”的设想，绿色船舶可以定义为从制造到使用乃至回收的整个过程都符合特定的环境保护要求，对生态环境无害或危害极小，以及利用资源再生或回收循环再用的船舶，具备技术先进性、经济合理性和环境协调性等三个特征[142]。本书中渔船动力装置的低碳设计与之遥相呼应，在满足技术指标、经济指标和性能指标的基础上，将低碳作为目标函数之一，全面比较、综合分析，在设计阶段实现渔船动力装置的节能减排。

由于系统的复杂性，不论从优化过程的执行效率上，还是从优化的鲁棒性上，系统整体优化方法都存在很大的问题，而且随着系统规模的增大，参数维数的爆炸性增长也是不可避免难以解决的问题。因此，将大系统分解为规模较小的系统进行处理是系统优化的必然趋势。随着分布式人工智能的发展，多智能体（Multi－Agent）系统已经成为国内外学者的研究热点[143-146]。徐斌[147] 面向 Agent 分析方法设计了集装箱码头实时调度系统的功能和交互模型。卢新来等[148] 提出了一个基于多 Agent 的机身外形优化模型，并将其用于飞机概念设计阶段的多学科优化中。张鼎华[149] 提出了分布式多 Agent

技术、系统优化技术等各项单元节能技术综合在一起的造纸生产过程能量优化调度模型。刘跃华等[150] 基于多 Agent 技术，将复杂工艺优化决策模型划分为决策支持层、系统重构层和数据集成层，以解决复杂工艺中涉及多因子、高噪声、非线性过程关系和模糊对象问题。赵强等[151] 采用多智能体技术构建虚拟企业任务调度模型，并对基于该模型的任务调度运作过程进行说明。孔凡国[152] 提出了基于 Agent 模型的汽车车身多学科设计优化方法。廖守亿[153] 提出了基于 Agent 的建模与仿真概念化框架，并将该方法应用到卫星系统的建模与仿真研究。

本章基于多智能体技术进行渔船动力装置的低碳优化设计。前几章分别介绍的渔船动力装置的用能结构优化、船机桨网匹配优化、余热制冷系统优化以及机舱布置和管路布局优化，对应于渔船动力装置优化中的各子系统 Agent。基于模糊熵权-层次分析法，进行了渔船动力装置的指标评价。而且着重探讨了渔船动力装置优化中子系统 Agent 之间的关联和协调管理方法以及协调优化算法研究。

6.1 多智能体技术

6.1.1 智能体结构

智能体（Agent）[143-144] 是分布式计算和人工智能相结合的技术，能在特定环境下连续、自发地实现功能，Agent 基本结构如图 6.1 所示。与相关 Agent 和进程相联系的软件实体具有如下几个特征：

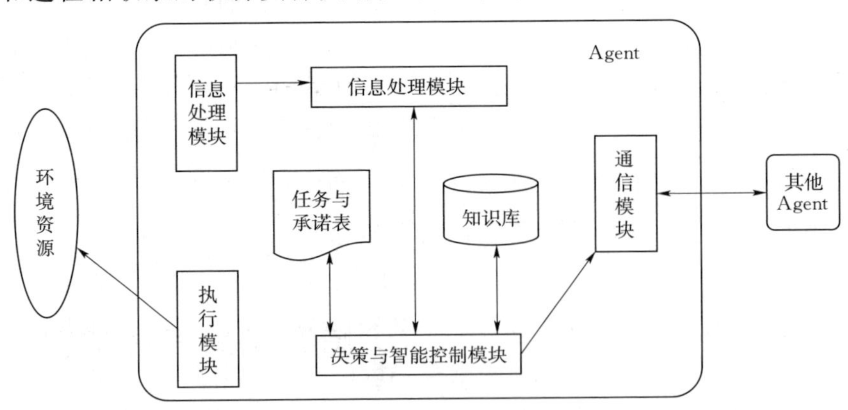

图 6.1 Agent 基本结构

（1）自主性（Autonomy）。Agent 具有独立的局限于自身的知识和知识处理方法，并能根据其内部状态和感知到的环境信息自主决定和控制自身的状态和行为。

（2）反应性（Reactivity）。Agent 在感知环境、响应环境的同时，可以为了实现自身内在的目标，对周围环境进行主动的改变。

（3）社会性（Social Ability）。Agent 在自主运行的同时，还应该具有和其他 Agent 相互协作的能力，而且遇到冲突时能够通过协调进行解决。

（4）主动性（Pro - activeness）。Agent 具有自主学习、自主进化的特性，能够随着环境的变化不断提升自身的知识和能力。

6.1.2 多智能体系统

多智能体系统（Multiple Agent System）包括多个 Agent，通过每个 Agent 自身的子目标实现和 Agent 之间相互协作，达到最终的系统目标。多智能体具有如下特征[145-146]：

（1）每个 Agent 都有解决问题的不完全的信息或能力。

（2）数据是分散存储和处理的，没有系统级的数据集中处理结构。

（3）内部具有交互性，整体具有封装性。

（4）计算是同步的，因此对于某些共享资源应具有备锁定功能。

在多 Agent 合作问题求解过程中，协商是多 Agent 系统实现协调、协作、冲突消解和矛盾处理的关键环节，通过协商对共同关心的问题（系统目标）达成一致意见。多 Agent 的协商框架由以下 4 个部分组成。

（1）协商集合：Agent 可能提出的建议，即协商问题集合的值域，用来形式化表示协商的问题集、问题向量及它们的取值。

（2）协商协议：Agent 可能提出的合法建议，是先验的协商函数。协商协议的主要内容是 Agent 通信语言的定义、表示、处理和语义理解。

（3）协商策略：Agent 个体在协商中提出什么样的建议，是 Agent 决策和选择协商协议和通信消息的决策。

（4）协商规则：决定什么时候达成一致，达成什么样的一致，包括协商算法和系统分析两部分内容。

6.2 基于多 Agent 的渔船动力装置优化模型

图 6.2 为远洋渔船精细化设计与系统布局的多智能体协同优化模型。引入低碳理念，满足渔船设计手册和规范的前提下，根据各系统的功能差别，并结合基于多 Agent 的复杂分解协调算法，将船舶动力装置优化划分为精细化设计和系统布局优化子系统两个相互分离但相互之间又有一定联系的子系统。根据能量传递过程来划分，渔船动力装置精细化设计分为用能结构子系统、船机桨网匹配子系统和余热利用子系统。根据空间位置的不同，渔船动力装置系统布局优化分为机舱布置子系统和管路布局子系统。图 6.2 中 x 和 y 分别代表精细化设计 Agent 和系统布局优化 Agent 的变量。

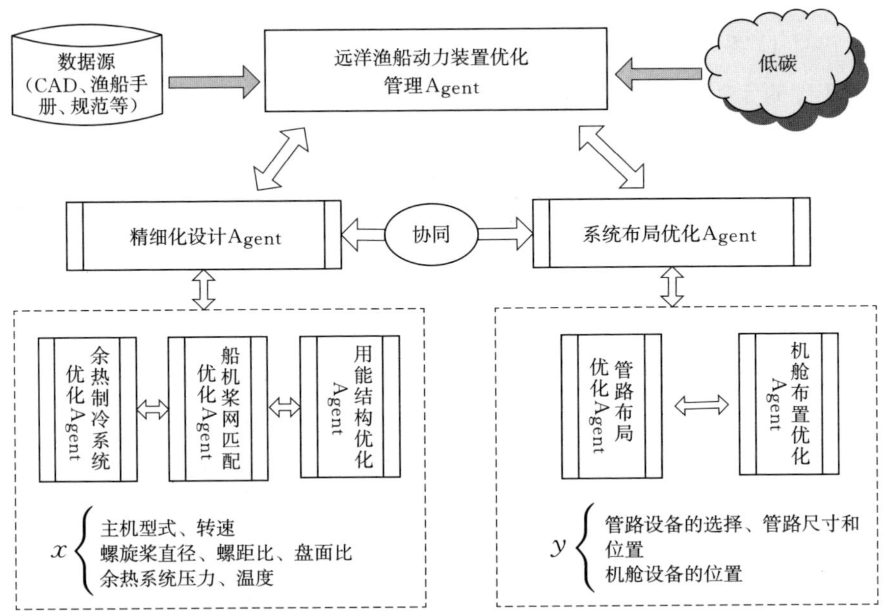

图 6.2 精细化设计与系统布局的多智能体协同优化模型

6.2.1 用能结构优化 Agent 模块

渔船的用能结构优化 Agent 的问题描述如图 6.3 所示。分别考虑主机参数：燃油消耗率 g_e，额定功率 N_D；副机参数：燃油消耗率 g_f，额定功率 N_f；锅炉参数：锅炉的蒸发量 D_g；光伏发电系统参数：太阳辐射强度 π_S，

温度补偿系数 θ_t，直流补正系数 θ_d，光伏转换效率 η_S，太阳能电池阵列的安装面积 S_S；风帆助航系统参数：帆的面积 S_W，风速 V_W，风向角 θ_W。基于渔船的能源消耗与营运成本特征，根据渔船不同作业方式的特点，引入新能源和混合能源，在满足一定经济收益的条件下，以碳排放为目标函数，实现渔船动力装置的用能结构优化。

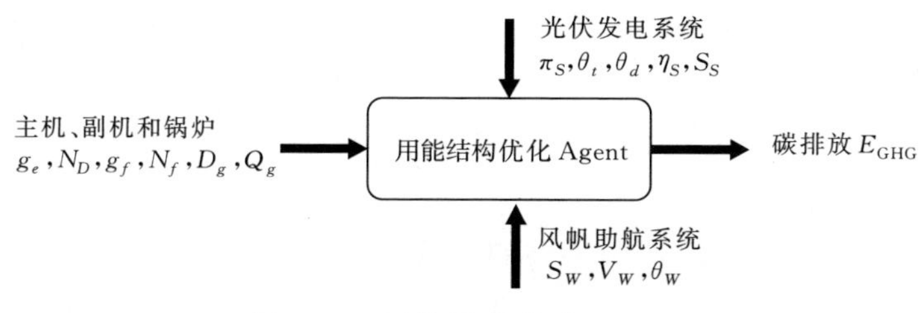

图 6.3　用能结构优化 Agent

6.2.2　船机桨网匹配优化 Agent 模块

渔船的船机桨网匹配优化 Agent 的问题描述如图 6.4 所示。分别考虑主机参数：额定功率 N_D，转速 n_D；螺旋桨参数：转速 n_P，直径 D_P，螺距比 H/D_P 和盘面比 A_E/A_0；网具参数：网线直径与网脚长度之比 $(d/a)_t$，拖网全长 L_t，拖网围长 C_t。以螺旋桨的敞水效率 η_o 为目标函数，通过合理选择主机、螺旋桨和网具的相关参数，合理选择设计工况，实现船机桨网的匹配优化，提高推进装置的技术性能、经济性能和节能性能。

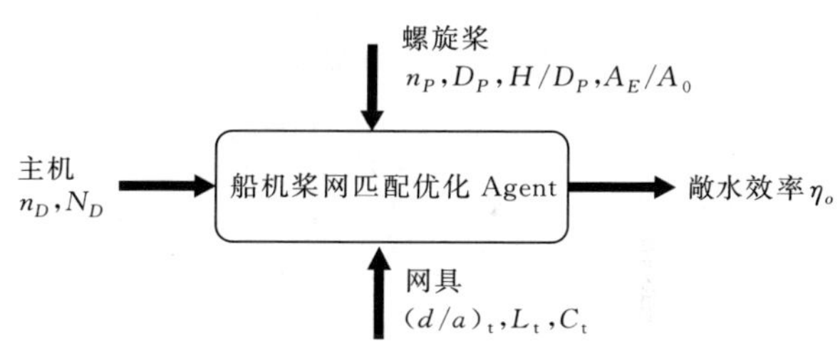

图 6.4　船机桨网匹配优化 Agent

6.2.3　余热制冷系统优化 Agent 模块

渔船的余热制冷系统优化 Agent 的问题描述如图 6.5 所示。设定变量冷却水温度 T_w、制冷温度 T_e、热源温度 T_h，分别考虑冷却水温升 Δt_w、冷凝器热端温差 Δt_6、发生器热端温差 Δt_2、蒸发器传热温差 Δt_8、吸收器冷端温差 Δt_4、溶液热交换器冷端温差 Δt_3。以氨水吸收式余热制冷系统的㶲热力系数 ECOP 为目标函数，通过合理选取发生器、吸收器、冷凝器、蒸发器和热交换器等设备的传热温差，将渔船动力装置的废热用于舱室空气调节和渔获物保鲜，从而提高动力装置的热效率。

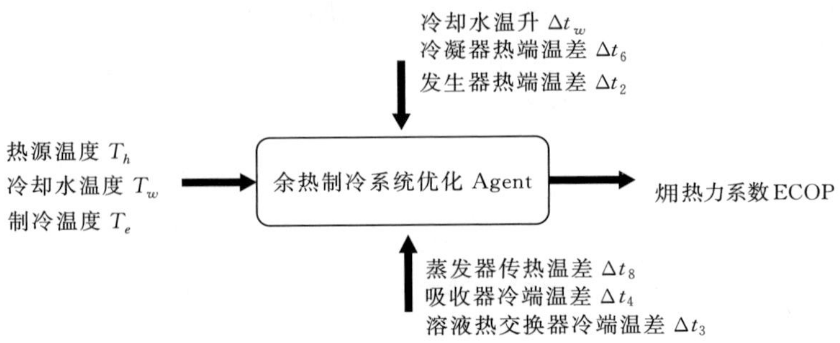

图 6.5　余热制冷系统优化 Agent

6.2.4　机舱布置优化 Agent 模块

渔船机舱布置优化 Agent 的问题描述如图 6.6 所示。分别考虑矩形图元设备的位置和方位参数：$\{(x_1, y_1, z_1, \varphi_1, \theta_1, \phi_1), \cdots, (x_p, y_p, z_p, \varphi_p, \theta_p, \phi_p)\}$，圆形图元设备的位置参数：$\{(x_{p+1}, y_{p+1}, z_{p+1}), \cdots, (x_{p+q}, y_{p+q}, z_{p+q})\}$。以不平衡距离 $f_1(X)$、人员流通距离 $f_2(X)$ 和人机功效距离 $f_3(X)$ 为目标函数，在有限的机舱空间里，通过动力装置机械设备的合理安排，满足安全规则和便于维护管理的基础上，提高渔船舱容的利用率。

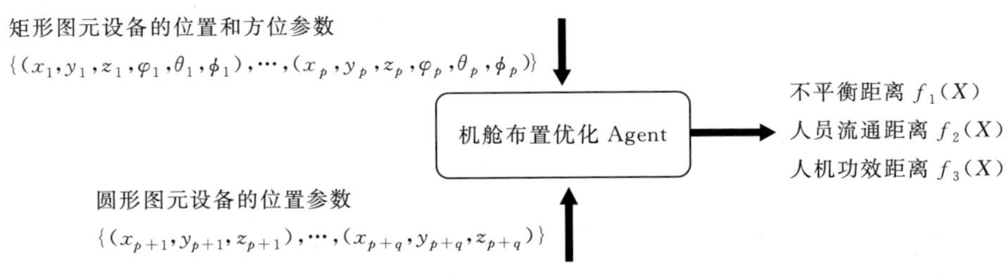

图 6.6　机舱布置优化 Agent

6.2.5　管路布局优化 Agent 模块

渔船的管路布局优化 Agent 的问题描述如图 6.7 所示。分别考虑设备位置参数：$\{(x_1, y_1, z_1, \varphi_1, \theta_1, \phi_1), \cdots, (x_p, y_p, z_p, \varphi_p, \theta_p, \phi_p), (x_{p+1}, y_{p+1}, z_{p+1}), \cdots, (x_{p+q}, y_{p+q}, z_{p+q})\}$，管路路径节点参数：$\{p_1, p_2, \cdots, p_n\}$。以管路路径长度 $J(P)$、管路弯头数量 $W(P)$ 和碰撞次数

$C(P)$ 为目标函数，在限定的布置空间中，管路从指定起点开始，寻找一条不与其他布置设备发生干涉，且满足各种约束条件，到指定终点的无碰路径，实现管路路径最短和弯头数量最少，提高船舶动力装置的经济性。

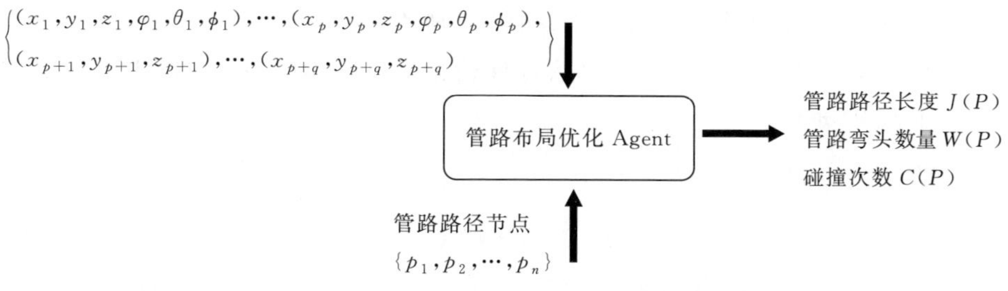

图 6.7 管路布局优化 Agent

6.3 基于低碳的渔船动力装置指标评价

6.3.1 模糊综合评价方法

模糊综合评价是利用模糊线性变换原理和最大隶属度（或加权平均等）原则，考虑与被评价事物相关的各个因素，对其作出合理的综合评价。假设被评价事物相关的因素有 m 个，记作 $U=\{u_1, u_2, \cdots, u_m\}$，$U$ 为因素集；所有可能出现的评语有 n 个，记作 $V=\{v_1, v_2, \cdots, v_n\}$，$V$ 为评语集，则模糊综合评价的具体步骤如下[154]。

1. 单因素评价

对因素集 U 中的单因素 $u_i(i=1, 2, \cdots, m)$ 作单因素评价，从因素 u_i 确定该事物评语 $v_j(j=1, 2, \cdots, n)$ 的隶属度为 r_{ij}，从而得到第 i 个因素 u_i 的单因素评价集 $r_j=(r_{i1}, r_{i2}, \cdots, r_{in})$，即评语集 V 上的模糊子集。

2. 构造综合评价矩阵

把 m 个单因素评价集作为行，即可得到综合评价矩阵：

$$R=\begin{bmatrix} r_{11} & r_{12} & \cdots & r_{1n} \\ r_{21} & r_{22} & \cdots & r_{2n} \\ \vdots & \vdots & \vdots & \vdots \\ r_{m1} & r_{m2} & \cdots & r_{mn} \end{bmatrix} \tag{6.1}$$

3. 确定权重模糊集

进行综合评价时，必须给出各个因素在总评价中的重要程度，即在因素集 U 上给出一个模糊集 $A=(a_1, a_2, \cdots, a_m)$，其中 a_i 为因素 u_i 在总评价中的影响程度大小的度量，即权重。

4. 确定综合评价模型，求出模糊综合评价集

当因素重要程度模糊集 A 和综合评价矩阵（模糊关系）R 已知时，则评语集 V 上的模糊集表示为

$$\begin{cases} B = A * R = (b_1, b_2, \cdots, b_n) \\ b_j = (a_1 \overset{\wedge}{*} r_{1j}) \overset{\vee}{*} (a_2 \overset{\wedge}{*} r_{2j}) \overset{\vee}{*} \cdots \overset{\vee}{*} (a_m \overset{\wedge}{*} r_{mj}) \quad (j=1,2,\cdots,n) \end{cases} \tag{6.2}$$

式中：$\overset{\wedge}{*}$ 表示广义模糊“与”运算；$\overset{\vee}{*}$ 表示广义模糊“或”运算；B 为评语集 V 上的模糊综合评价集，$b_j(j=1, 2, \cdots, n)$ 为评语 v_j 对综合评价所得模糊综合评价集 B 的隶属度。

目前主要的模糊综合评判模型有以下几种。

（1）主因素突出模型。

1）模型 M($\wedge$, $\vee$)。取 $\overset{\wedge}{*}$ 为 $\wedge$，取 $\overset{\vee}{*}$ 为 $\vee$，代入式（6.2）得

$$b_j = \bigvee_{i=1}^{m} (a_i \wedge r_{ij}) \quad (j=1,2,\cdots,n) \tag{6.3}$$

式中：a_i 为 r_{ij} 的调整系数。

该模型的评判结果只取决于在总评价中起主要作用的那个因素，其余因素均不影响评判结果，比较适用于单项评判最优就能作为综合评判最优的情况。

2）模型 M($\cdot$, $\vee$)。取 $\overset{\wedge}{*}$ 为 $\cdot$，取 $\overset{\vee}{*}$ 为 $\vee$，代入式（6.2）得

$$b_j = \bigvee_{i=1}^{m} (a_i \cdot r_{ij}) \quad (j=1,2,\cdots,n) \tag{6.4}$$

该模型不仅突出了主要因素，也兼顾了其他因素，适用于模型 $M(\wedge, \vee)$ 失效需要加细的情况。

（2）加权平均模型 $M(\cdot, +)$。取 $\overset{\wedge}{*}$ 为 $\cdot$，取 $\overset{\vee}{*}$ 为 $+$，代入式（6.2）得

$$b_j = \sum_{i=1}^{m} a_i r_{ij} \quad (j=1,2,\cdots,n) \tag{6.5}$$

式中：a_i 为权系数，$\sum_{i=1}^{m} a_i = 1$。

该模型依权重的大小对所有因素均衡兼顾，比较适用于要求总和最大的

情形。

(3) 全面制约型 M(乘幂，∧)。取 $\overset{\wedge}{*}$ 为乘幂，取 $\overset{\vee}{*}$ 为∧，代入式 (6.2) 得

$$b_j = \bigwedge_{i=1}^{m} (r_{ij})^{a_i} \quad (j = 1, 2, \cdots, n) \tag{6.6}$$

该模型为次因数突出型的综合评判，a_i 没有权重系数的意义，通常取 [0，1] 中的有理数。

(4) 取小上界和型 M(∧，⊕)。取 $\overset{\wedge}{*}$ 为∧，取 $\overset{\vee}{*}$ 为⊕，代入式 (6.2) 得

$$b_j = \oplus \sum_{i=1}^{m} (a_i \wedge r_{ij}) = \min\{1, \sum_{i=1}^{m} (a_i \wedge r_{ij})\} \quad (j = 1, 2, \cdots, n) \tag{6.7}$$

该模型也属于主因数突出型的综合评判，比模型 M(∧，∨) 也精细些，a_i 也是在考虑多因素时 r_{ij} 的调整系数，没有权重系数的意义。

(5) 均衡平均型 M(∧，+)。取 $\overset{\wedge}{*}$ 为∧，取 $\overset{\vee}{*}$ 为+，代入式 (6.2) 得

$$b_j = \sum_{i=1}^{m} (a_i \wedge \frac{r_{ij}}{r_0}) \quad (j = 1, 2, \cdots, n) \tag{6.8}$$

式中：$r_0 = \sum_{i=1}^{m} r_{ij}$。

该模型适用于 R 中元素 r_{ij} 偏大或偏小的情形。

6.3.2　层次分析法

层次分析法（Analytic Hierarchy Process，AHP）将复杂的问题分解成各个组成因素，又将这些因素按照支配关系分组形成递阶层次结构。通过两两比较的方式确定层次中诸因素的相对重要性，然后综合相关人员判断，确定备选方案相对重要性的总排序。

运用层次分析法计算权重的过程如下：

(1) 建立层次结构。将影响目标的要素分组并分层细化，按照目标层、中间层和最底层的形式进行排列。根据上一级的要素与下一级的要素之间的关联属性，分别采用完全相关性结构和完全独立性结构，即完全相关性结构上一级的每一要素与下一级的全部要素相关；完全独立性结构的上一级要素都各自有独立的、完全不相同的下级要素。

(2) 构造判断矩阵。对同属一级的要素以上一级的要素为准则进行两两比较，根据评价尺度确定其相对重要度。假如有 n 个评价指标与上一级某要素相关，则判断矩阵 A 表示为

$$A=\begin{bmatrix} a_{11} & a_{12} & \cdots & a_{1n} \\ a_{21} & a_{22} & \cdots & a_{2n} \\ \vdots & \vdots & \vdots & \vdots \\ a_{n1} & a_{n2} & \cdots & a_{nn} \end{bmatrix} \tag{6.9}$$

式中：a_{ij} 为指标 i 与指标 j 相对重要度之比，$a_{ij}>0$，且满足：

$$a_{ij}=\begin{cases} 1, & i=j \\ \dfrac{1}{a_{ij}}, & i\neq j \end{cases} \quad (i,j=1,2,\cdots,n) \tag{6.10}$$

比较值 a_{ij} 的标定方法主要有 1～9 标度法、0.618 标度法等，分别见表 6.1 和表 6.2。

表 6.1　　判断矩阵的 1～9 标度法

标度	含　义	标度	含　义
1	重要程度相同	9	重要程度相对很高
3	重要程度相对略高	2，4，6，8	上述判断的中值
5	重要程度相对较高	标度的倒数	指标 i 相对 j 的比较值为指标 j 相对 i 的比较值倒数
7	重要程度相对高		

表 6.2　　判断矩阵的 0.618 标度法

标度	含　义	标度	含　义
1	重要程度相同	6.854	重要程度相对很高
1.618	重要程度相对略高	标度的倒数	指标 i 相对 j 的比较值为指标 j 相对 i 的比较值倒数
2.618	重要程度相对较高		
4.618	重要程度相对高		

(3) 计算相对重要程度。通过计算比较矩阵 A 的特征值，可以得到以某个上级要素为准则所评价的同级要素的相对重要程度。假如权重向量 $W_{(a)}=[w_{(a)1},\ w_{(a)2},\ \cdots,\ w_{(a)n}]^T$，则有 $AW=\lambda W$，从而层次单排序转化为求解判断矩阵的最大特征值 $\lambda_{\max}$ 和它所对应的特征向量。

采用求和法，则判断矩阵 A 的特征向量近似值表示为

$$w_{(a)i}=\frac{\sum_{j=1}^{n} b_{ij}}{\sum_{i=1}^{n}\sum_{j=1}^{n} b_{ij}} \quad (i,j=1,2,\cdots,n) \tag{6.11}$$

式中：b_{ij} 为判断矩阵按列的归一化，$b_{ij}=\frac{a_{ij}}{\sum_{j=1}^{n}a_{ij}}$。

采用求根法，则判断矩阵 A 的特征向量近似值表示为

$$w_{(a)i}=\frac{\sqrt[n]{\prod_{j=1}^{n}a_{ij}}}{\sum_{i=1}^{n}\sqrt[n]{\prod_{j=1}^{n}a_{ij}}}\quad(i,j=1,2,\cdots,n)\tag{6.12}$$

（4）一致性检验。为了检验判断矩阵的一致性（相容性），定义计算一致性指标为

$$CI=\frac{\lambda_{\max}-n}{n-1}\tag{6.13}$$

当 $CI=0$ 时，判断矩阵具有完全一致性。随着 n 的增加，判断误差就会增加。因此，对于 2 阶以上的判断矩阵，采用随机性一致性比值 CR 进行检验，$CR=\frac{CI}{RI}$，RI 为平均随机一致性指标，见表 6.3。当 $CR<0.1$ 时，判断矩阵的一致性是令人满意的；否则需要调整判断矩阵。

表 6.3　　平均随机一致性指标

阶数	3	4	5	6	7	8	9	10	11	12	13	14	15
RI	0.52	0.89	1.12	1.26	1.36	1.41	1.46	1.49	1.52	1.54	1.56	1.58	1.59

（5）计算综合重要度。同层各要素之间的相对重要程度计算后，就可以自上而下地计算各级要素关于总体的综合重要度。假设 A 级有 n 个要素 a_1，a_2，…，a_n，其对总值的重要度分别为 $w_{(a)1}$，$w_{(a)2}$，…，$w_{(a)n}$；下一级 B 级有 m 个要素 b_1，b_2，…，b_m，b_i 关于 a_j 的相对重要度为 v_{ij}，则 B 级的要素 b_i 的综合重要度表示为

$$w'_{(a)i}=\sum_{j=1}^{n}w_j v_{ij}\tag{6.14}$$

6.3.3 熵权法

熵权法（Entropy Weight Method，EWM）是一种客观赋权方法，利用熵的概念度量系统的无序程度，进而确定指标的权重。熵与信息量成反比，当某项指标数据差异较大时，其有效信息量越大，熵值越小，该指标权重越

大[160]。熵权法的计算步骤如下。

(1) 数据标准化。假设 m 个评价对象，n 个评价指标，则原始评估矩阵 X 为

$$X = \begin{bmatrix} x_{11} & x_{12} & \cdots & x_{1n} \\ x_{21} & x_{22} & \cdots & x_{2n} \\ \vdots & \vdots & \vdots & \vdots \\ x_{m1} & x_{m2} & \cdots & x_{mn} \end{bmatrix} \tag{6.15}$$

式中：x_{ij} 为第 i 个评价对象在第 j 项评价指标下的原始数据。

将评估矩阵进行标准化处理，对于越大越优型指标，第 i 个评价对象在第 j 项评价指标下的标准化取值 v_{ij} 表示为

$$v_{ij} = \frac{x_{ij} - \min x_j}{\max x_j - \min x_j} \tag{6.16}$$

式中：x_j 为第 j 列的所有元素。当 $\max x_j$、$\min x_j$ 相等时，$v_{ij}=1$。

对于越小越优型指标，标准化取值 v_{ij} 表示为

$$v_{ij} = \frac{\max x_j - x_{ij}}{\max x_j - \min x_j} \tag{6.17}$$

通过式 (6.16) 和式 (6.17) 得到标准化评估矩阵 $V=(v_{ij})_{m\times n}$。

(2) 计算各项指标的特征比重。对标准化矩阵进一步处理，得到特征比重矩阵 $P=(p_{ij})_{m\times n}$，其中 p_{ij} 为第 i 个评价对象在第 j 项评价指标下的特征比重，表示为

$$p_{ij} = \frac{v_{ij}}{\sum_{i=1}^{m} v_{ij}} \tag{6.18}$$

(3) 计算各项指标的熵值。根据信息熵的计算公式，可以得到熵值矩阵 $E=[e_1, e_2, \cdots, e_n]$，其中 e_j 为第 j 项评价指标的熵值，表示为

$$e_j = -\frac{1}{\ln m}\sum_{i=1}^{m} p_{ij} \ln p_{ij} \tag{6.19}$$

(4) 计算各项指标的权重。各项指标的权重矩阵 $W_{(e)}=[w_{(e)1}, w_{(e)2}, \cdots, w_{(e)n}]$，其中 $w_{(e)j}$ 为第 j 项评价指标的权重，表示为

$$w_{(e)j} = \frac{1 - e_j}{\sum_{j=1}^{n} (1 - e_j)} \tag{6.20}$$

6.3.4 基于模糊熵权-层次分析法的渔船动力装置指标评价

渔船动力装置的特性指标及其影响因素见表 6.4，渔船动力装置设计的优劣需要从技术上、经济上和性能上全面分析、综合评价才能得到正确结论。如果将低碳作为渔船动力装置的设计目标之一，则渔船动力装置的指标体系简化为技术指标、经济指标、性能指标和碳排放指标。基于模糊熵权-层次分析法，采用模糊综合评价方法对渔船动力装置的特性指标进行评价。

表 6.4　　渔船动力装置的特性指标及其影响因素

特性指标		影响因素
技术指标	功率指标（指示功率 N_I，制动功率 N_B，持续功率 N_m，收到功率 N_P，推进功率 N_T 和有效功率 N_R）	柴油机指示效率 η_I，机械效率 η_m；中间轴承效率 η_c，传动设备效率 η_g，尾轴承效率 η_s，螺旋桨敞水效率 η_o，相对旋转效率 η_r，船身效率 η_h
	重量指标（动力装置的单位重量 g_P，动力装置的相对重量 r_P）	动力装置的湿重 G_{PS}（机电设备重量和管系重量），主机有效功率 N_B
	尺寸指标（动力装置的长度饱和度 K_L，动力装置的面积饱和度 K_F，动力装置的容积饱和度 K_V）	机舱长度 L，机舱面积 S 和机舱容积 V，主机有效功率 N_B
经济指标	千瓦小时耗油量	主机燃油消耗率 g_e，副机燃油消耗率 g_f 和其他动力设备燃油消耗率
	标准吨鱼耗油量	主机燃油消耗率 g_e，副机燃油消耗率 g_f，渔获物捕捞产量 T_b
	每海里航程的燃油消耗量	主机小时耗油量 B_z，副机小时耗油量 B_f，锅炉小时耗油量 B_g，船舶航速 V_S
性能指标	可靠性（使用阶段的故障发生率 P 和停航时间 t）	主机、副机修理间隔期和主要零部件及易损件的使用寿命
	机动性（改变工况的时间）	倒车时间，倒车功率和推进型式
	拖曳性（拖力利用系数 K_T，功率利用系数 K_N 和转速利用系数 K_n）	网具尺寸和拖速大小；主机额定功率 N_B，系柱时主机功率 N_e 和转速 n

续表

特性指标		影响因素
性能指标	噪声和振动控制	柴油机的离心惯性力矩不平衡及往复惯性力和惯性力矩不平衡，推进轴系在外激励力作用，螺旋桨扰动
	机舱自动化和远程操纵	忽略

汪敏等[156] 采用层次分析法对船型方案选型提出决策建议。桂云苗等[157] 提出了一种以信息熵确定属性权重的方法，提高了多维数据集加权聚类的分析效果。张天云等[158] 针对工程选材综合评价中评价指标的权重难以合理确定的问题，构建了BP神经网络法赋权模型。张明霞等[159] 基于博弈论的组合权重确定方法，通过主观赋权的层次分析法、客观赋权的熵权法和智能赋权的BP-神经网络法分别得到3个权重向量，对得到的权重进行博弈集结得到最优权重并应用于船型的综合评价。

6.3.4.1 构建因素集

因素集指标共分为3级，一级指标定义为U_1（技术指标）、U_2（经济指标）、U_3（性能指标）和U_4（碳排放指标）；二级指标为U_{11}（功率指标）、U_{12}（重量指标）、U_{13}（尺寸指标）、U_{21}（千瓦小时耗油量）、U_{22}（标准吨鱼耗油量）、U_{23}（每海里航程的燃油消耗量）、U_{31}（可靠性）、U_{32}（机动性）、U_{33}（拖拽性）、U_{34}（噪声和振动控制）、U_{41}（碳排放量）；三级指标为U_{111}（持续功率）、U_{112}（推进功率）、U_{113}（有效功率）、U_{114}（相对功率）、U_{121}（单位重量）、U_{122}（相对重量）、U_{131}（机舱相对长度）、U_{132}（长度饱和度）、U_{133}（面积饱和度）和U_{134}（容积饱和度）。即

$$\begin{cases} U=\{U_1,U_2,U_3,U_4\} \\ U_1=\{U_{11},U_{12},U_{13}\} \\ U_2=\{U_{21},U_{22},U_{23}\} \\ U_3=\{U_{31},U_{32},U_{33},U_{34}\} \\ U_4=\{U_{41}\} \\ U_{11}=\{U_{111},U_{112},U_{113},U_{114}\} \\ U_{12}=\{U_{121},U_{122}\} \\ U_{13}=\{U_{131},U_{132},U_{133},U_{134}\} \end{cases} \tag{6.21}$$

6.3.4.2 求解权重向量

采用熵权法和层次分析法，分别计算指标 i 的权重 $w_{(e)i}$、$w_{(a)i}$，以求解综合权重，表示为[160]

$$w_i = w_{(e)i}(1 - e_i) + w_{(a)i}e_i \tag{6.22}$$

（1）第一级指标权重为：

W＝[技术指标权重，经济指标权重，性能指标权重，碳排放指标权重]
＝[W_1，W_2，W_3，W_4]

（2）第二级指标权重为：

1）技术指标。

W_1＝[功率指标权重，重量指标权重，尺寸指标权重]
＝[W_{11}，W_{12}，W_{13}]

2）经济指标。

W_2＝[千瓦小时耗油量权重，标准吨鱼耗油量权重，每海里航程的燃油消耗量权重]
＝[W_{21}，W_{22}，W_{23}]

3）性能指标。

W_3＝[可靠性权重，机动性权重，拖拽性权重，噪声和振动控制权重]
＝[W_{31}，W_{32}，W_{33}，W_{34}]

4）碳排放指标。

W_4＝[碳排放量权重]＝[W_{41}]

（3）第三级指标权重为：

W_{11}＝[持续功率权重，推进功率权重，有效功率权重，相对功率权重]
＝[W_{111}，W_{112}，W_{113}，W_{114}]

W_{12}＝[单位重量权重，相对重量权重]＝[W_{121}，W_{122}]

W_{13}＝[机舱相对长度权重，长度饱和度权重，面积饱和度权重，容积饱和度权重]
＝[W_{131}，W_{132}，W_{133}，W_{134}]

6.3.4.3 定义评价集

以国内外相关法规的要求和船舶动力装置的指标参考值作为评语集的划分标准。表 6.5、表 6.6 和表 6.7 分别是船舶相对功率指标、船舶动力装置的重量指标和渔船动力装置的尺寸指标。渔船油耗定额标准见表 6.8，柴油机性能指标见表 6.9。各指标的评语集为 V＝[好(v_1)，好(v_2)，一般(v_3)，较差(v_4)，差(v_5)]＝[1，0.75，0.5，0.25，0]。

表 6.5　船舶相对功率指标

船舶类型	相对功率/(kW/t)	船舶类型	相对功率/(kW/t)
巡洋舰	8.0～10.3	大功率远洋货船	0.37～1.10
鱼雷快艇	29.4～73.5	拖船	0.74～1.10
客船	0.59～0.88	拖网渔船（国产）	1.00～2.00
沿海货船	0.15～1.69	围网渔船	0.90～1.50

表 6.6　船舶动力装置的重量指标

船舶类型	单位重量/(kg/kW)	相对重量/%
鱼雷快艇	2～6	20～60
巡洋舰	21.3	11.3
客船	70～110	5～12
货船	70～150	1.5～5.0
拖网渔船	20～100	2.5～15.0
围网渔船	35～75	3.4～8.0

表 6.7　渔船动力装置的尺寸指标

船舶类型	机舱相对长度	动力装置长度饱和度/(kW/m)
拖网渔船	0.25～0.35	40～75
围网渔船	0.25～0.30	40～50
灯光渔船	0.45	约 40
钓鱼船	0.30	约 36
冷藏渔船	0.22	42～78

表 6.8　渔船油耗定额标准

指标名称	国家一级			国家二级		
	黄渤海	东海	南海	黄渤海	东海	南海
标准吨鱼耗燃油/(kg/t)	690	636	702	725	668	740
千瓦小时耗燃油/[g/(kW·h)]	99.26			103.68		
千瓦小时耗滑油/[g/(kW·h)]	1.69			1.80		

表 6.9　　柴油机性能指标

<table>
<tr><th colspan="3">柴油机的类型</th><th>第一次大修期/h</th><th>机舱噪声/dB(A)</th></tr>
<tr><td rowspan="2">高速机</td><td colspan="2">四冲程</td><td>6000～8000</td><td>≤115</td></tr>
<tr><td colspan="2">二冲程</td><td>5000～6000</td><td>≤120</td></tr>
<tr><td rowspan="3">中速机</td><td rowspan="2">四冲程</td><td>D>200</td><td>≥20000</td><td rowspan="2">≤108</td></tr>
<tr><td>D≤200</td><td>≥12000</td></tr>
<tr><td colspan="2">二冲程</td><td>≥10000</td><td>≤110</td></tr>
<tr><td colspan="3">低速机</td><td>≥50000</td><td>≤105</td></tr>
</table>

6.3.4.4　确定评价矩阵

将因素集和评语制作成表格，经专家人员分析，并把某一因素划为某一等级，最后汇总整理得到评估结果，形成评价矩阵 $R=(r_{ij})_{m\times n}$，其中 r_{ij} 表示为

$$r_{ij}=\frac{N_k}{\sum_{k=1}^{n}N_k} \tag{6.23}$$

式中：N_k 为因素 u_i 归为 V_j 的人数。

确定了指标权重和评价矩阵，就可以选择合适的模糊综合评判模型进行渔船动力装置的指标评估。

6.4　渔船动力装置优化的多 Agent 协调策略

在渔船动力装置多 Agent 协同优化过程中，各子系统 Agent 总是以追求自身的优化目标为目的，由此就会引发各单元之间的变量设置冲突。一个 Agent 的优化策略会影响其他 Agent 的优化策略，同时，也受其他 Agent 决策的影响，因此一个子系统 Agent 决定优化策略时，应考虑其他子系统 Agent 可能采用的优化策略来决定自己的战略。通过 Agent 间的相互通信，每一个子系统单元 Agent 对其他 Agent 的变量设置特征有完全的了解。渔船动力装置多 Agent 协作过程实际上是各子系统 Agent 之间依靠其自治和协调能力获得整个系统最优的过程。

6.4.1　多 Agent 系统协调模型

假定渔船动力装置优化划分为 n 个 Agent 子系统，多智能体集合表示为

$A=\{\text{Agent}_1, \text{Agent}_2, \cdots, \text{Agent}_n\}$，则渔船动力装置优化多 Agent 系统协调模型定义为

$$CM=\{N_A, I_A, S_A, U_A\} \tag{6.24}$$

式中：I_A 为每个子系统单元 Agent 拥有的信息，包括其他子系统单元 Agent 的变量设置特征和行动策略的信息；S_A 为 Agent 的所有可能的变量设置策略或行动的集合，即各子系统的优化变量的可调节空间；U_A 为子系统单元 Agent 获得的利益，指在既定的策略组合条件下 Agent 的得失情况，即在一个特定子系统单元变量参数的取值空间组合下得到的目标效用水平；N_A 为多 Agent 智能体系统的协同关系矩阵，所有子系统集合的协同关系矩阵表示为

$$N_A=A\times A=\{N_{ij} \mid (\forall i\in A)\wedge(\forall j\in A)\} \tag{6.25}$$

式中：N_{ij} 为Agent_i 和Agent_j 之间的关系，则 N_A 表示为

$$N_A=A\times A=\begin{bmatrix} N_{11} & N_{12} & \cdots & N_{1\text{n}} \\ N_{21} & N_{22} & \cdots & N_{2n} \\ \vdots & \vdots & \vdots & \vdots \\ N_{\text{n}1} & N_{n2} & \cdots & N_{nn} \end{bmatrix} \tag{6.26}$$

基于多 Agent 技术的渔船动力装置优化，以碳排放和经济性为目标函数，满足渔船动力装置基本特性指标的前提下，实现低碳型渔船全生命期动力装置多 Agent 协同优化设计。各子系统 Agent 的设计变量、状态变量和目标函数见表 6.5。

表 6.10　各子系统 Agent 的设计变量、状态变量和目标函数

子系统 Agent	设计变量	状态变量	目标函数
用能结构优化	主机功率 N_D	螺旋桨敞水效率 η_O	碳排放量 E_{GHG}
	副机功率 N_f	相对旋转效率 η_r	
	锅炉蒸发量 D	船身效率 η_h	
	太阳能电池的安装面积 S_S	生产营运时间 T_s	
	帆的面积 S_W		
船机桨网匹配优化	网具参数 d/a	帆的面积 S_W	敞水效率 η_O
	螺旋桨转速 n_P	推进型式	
	螺旋桨直径 D_P	设计工况	
	螺旋桨螺距比 H/D_P	主机转速 n_z	
	螺旋桨盘面比 A_E/A_0	主机功率 N_z	

续表

<table>
<tr><th>子系统 Agent</th><th>设计变量</th><th>状态变量</th><th>目标函数</th></tr>
<tr><td rowspan="6">余热制冷系统优化</td><td>冷却水温升 Δt_w</td><td>冷却水温度 T_w</td><td rowspan="6">烟热力系数 ECOP</td></tr>
<tr><td>冷凝器热端温差 Δt_6</td><td>制冷温度 T_e</td></tr>
<tr><td>发生器热端温差 Δt_2</td><td>热源温度 T_h</td></tr>
<tr><td>蒸发器传热温差 Δt_8</td><td>帆的面积 S_W</td></tr>
<tr><td>吸收器冷端温差 Δt_4</td><td>太阳能电池的安装面积 S_S</td></tr>
<tr><td>溶液热交换器冷端温差 Δt_3</td><td></td></tr>
<tr><td rowspan="2">机舱布置优化</td><td>矩形设备的位置和方位参数 $\{(x_1, y_1, z_1, \varphi_1, \theta_1, \phi_1), \cdots, (x_p, y_p, z_p, \varphi_p, \theta_p, \phi_p)\}$</td><td rowspan="2"></td><td rowspan="2">不平衡距离 $f_1(X)$
人员流通距离 $f_2(X)$
人机功效距离 $f_3(X)$</td></tr>
<tr><td>圆形设备的位置参数 $\{(x_{p+1}, y_{p+1}, z_{p+1}), \cdots, (x_{p+q}, y_{p+q}, z_{p+q})\}$</td></tr>
<tr><td rowspan="2">管路布局优化</td><td rowspan="2">管路路径节点
(p_{xi}, p_{yi}, p_{zi})
$(i=1, \cdots, n)$</td><td>矩形设备的位置和方位参数 $\left\{\begin{matrix}(x_1, y_1, z_1, \varphi_1, \theta_1, \phi_1),\\ \cdots,\\ (x_p, y_p, z_p, \varphi_p, \theta_p, \phi_p)\end{matrix}\right\}$</td><td rowspan="2">管路路径长度 $J(P)$
管路弯头数量 $W(P)$
碰撞次数 $C(P)$</td></tr>
<tr><td>圆形设备的位置参数 $\left\{\begin{matrix}(x_{p+1}, y_{p+1}, z_{p+1}),\\ \cdots,\\ (x_{p+q}, y_{p+q}, z_{p+q})\end{matrix}\right\}$</td></tr>
</table>

渔船动力装置优化的协调过程可以分为两级三次协调，分别为：

(1) 用能结构优化、船机桨网匹配优化和余热制冷系统优化之间的协调。

(2) 机舱布置优化和管路布局优化之间的协调。

(3) 精细化设计和系统布局优化之间的协调。

6.4.2 用能结构优化和船机桨网匹配优化 Agent 之间的协调

由前述用能结构优化研究可知，考虑风帆助航时，渔船前进的动力分别为风帆利用风能得到的推力和主柴油机发出的机械能产生的推力。当渔船定速航行时，风帆的推力越大，主机的输出功率越小，两者之和不变，达到节能效果；当渔船定负荷航行时，主机输出功率不变，如果风帆的推力增大，船舶将加速航行，从而缩短航行时间，也实现了渔船节能。

假定渔船航行速度和方向不变，忽略风帆对船舶阻力的影响，则螺旋桨的推力 T_P、风帆的推力 T_w 和船舶阻力 R 之间的关系表示为

$$T_P+T_w=R \tag{6.27}$$

根据螺旋桨理论，考虑伴流系数 ω 和推力减额系数 t，则风帆助航作用下螺旋桨的推力系数 K_T 和进速系数 J_P 的关系为

$$K_T=\frac{R-T_w}{(1-t)(1-w)^2\rho V^2 D^2}J_P^2 \tag{6.28}$$

图 6.8 为无风帆和风帆模式下的螺旋桨敞水特性比较[161]。如图所示，无风帆模式下，进速系数 J_P 线与推力系数 K_T-J 曲线和转矩系数 $10K_Q-J$ 曲线分别交于 M 和 N 点；风帆助航模式下，由式（6.28）可以得到推力系数 K'_T-J 曲线，与 K_T-J 曲线相交于 M' 点，得到进速系数 J'_P，$J_P<J'_P$。因此，风帆助航情况下，进速系数 J 增大，螺旋桨的转速降低，螺旋桨的特性曲线变得平缓，螺旋桨的效率升高[162]。

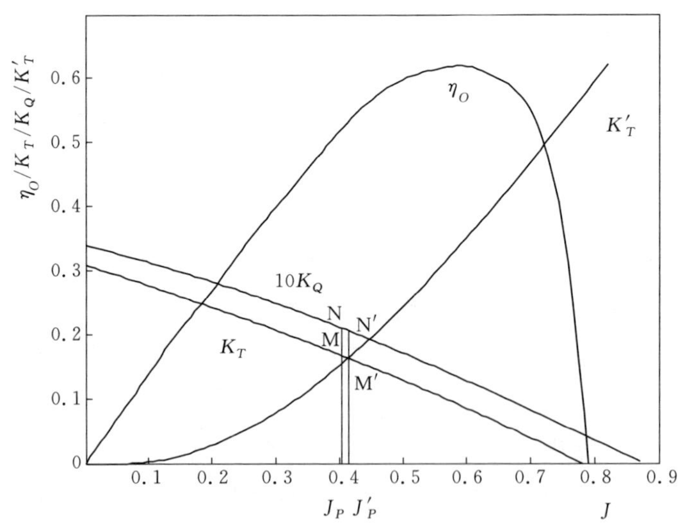

图 6.8 无风帆和风帆模式下的螺旋桨敞水特性

在风帆助航模式下，根据风帆提供的推力不同，螺旋桨处于轻载工况航

行，主机由于负荷和转速的限制，基本上在降功率、降转速情况下运转，螺旋桨和主机的配合工况点也偏离了原先设定的设计配合点，如图 6.9 所示。图中 Ⅰ、Ⅱ 分别代表渔船正常航行（无风帆）和降功率航行（风帆助航）情况下的螺旋桨推进特性曲线；曲线 1 是主机额定负荷速度特性曲线；曲线 2 是主机部分负荷速度特性曲线。从图中可以看出，点 A 为机桨匹配点，对应着主柴油机和螺旋桨在额定状态下的功率和转速。在风帆助航情况下，由于风帆推力的作用，若主机按照全负荷速度特性曲线工况运行，主机将超速，因此必须减少柴油机的喷油量，按照部分负荷速度特性曲线 2 工作，机桨匹配点在 B 点，主机发出的功率为 N_b，转速为 n_b。

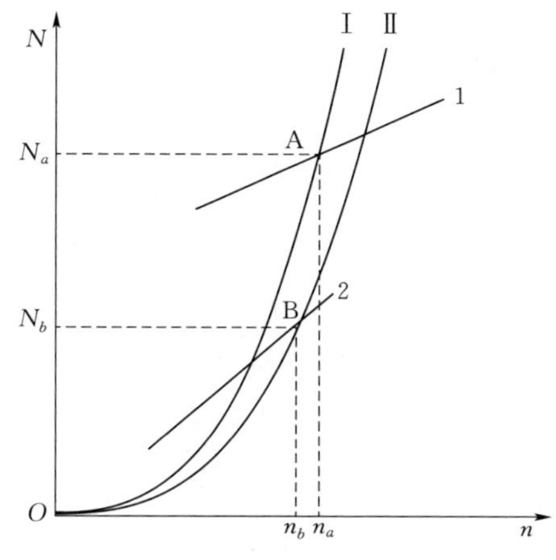

图 6.9 风帆助航模式下的机桨配合特性

风帆助航模式下，如果船机桨网和帆配合不佳，将造成风帆得到能量的浪费，降低节能效果。为了避免螺旋桨出现轻桨或重桨情况运行，可以调节主机的转速来改变主机功率以满足不同的船舶阻力。因此，用能结构优化 Agent 与船机桨网匹配优化 Agent 之间的协调问题，即渔船的船机桨网和帆的匹配优化。

船机桨网匹配优化 Agent 中，主机和螺旋桨的参数已经获取，基于柴油机的工作特性、螺旋桨的敞水特性、风帆的推力特性和渔船的阻力特性，探讨风帆提供不同推力的情况下主机的输出功率和转速。具体步骤如下：

（1）建立船机桨网和帆匹配的数学模型。

（2）根据螺旋桨敞水特性曲线计算不同转速下不同进程比时船舶所能达到的航速 V。

（3）计算不同比例风帆推进功率时的螺旋桨提供的推力 T_P。

（4）估算主机提供的有效功率 N_E。

（5）求出主机的转速 n。

如果考虑风帆提供推力 T_w 的情况下进行船机桨网匹配优化，则可以适当减小主机的额定功率值。

6.4.3 用能结构优化和余热利用 Agent 之间的协调

渔船上采用风帆助航时，根据具体航线的风速和风向，风帆可以提供一部分的推力，主柴油机将处于部分负荷状态下工作，降功率、降转速运转。同理，渔船上采用太阳能光伏发电系统时，太阳能电池（取决于太阳辐射强度 π）向船上负载供电，副柴油机将也处于部分负荷状态下工作。根据柴油机原理，当其处在部分负荷下运行时，耗油率将增加，而且偏离额定负荷越远，耗油率增加越多，效率越差。

图 6.10 为柴油机负荷特性曲线，表征柴油机的转速不变时，柴油机的性能参数主要是有效耗油率 g_e、进入气缸的空气与流量 Q_a、最大爆发压力 P_z 和排气温度 t_r 等随负荷（或供油量）p_e 变化规律。从图中可以看出，随着柴油机负荷的增加，排气温度 t_r 单调升高。图 6.11 为柴油机的速度特性曲线，喷油量一定时，表示柴油机的性能参数有效耗油率 g_e、平均有效压力 P_e、最大爆发压力 P_z 和排气温度 t_r 等随转速 n 的变化关系，从图中可以看出，随着柴油机转速的增加，排气温度 t_r 也是单调升高。

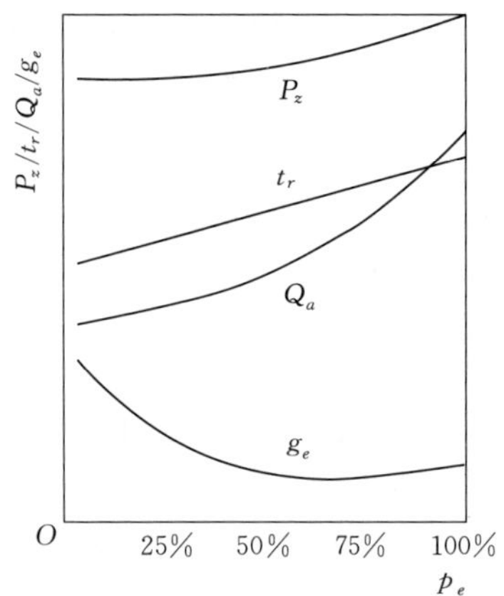

图 6.10 柴油机负荷特性曲线

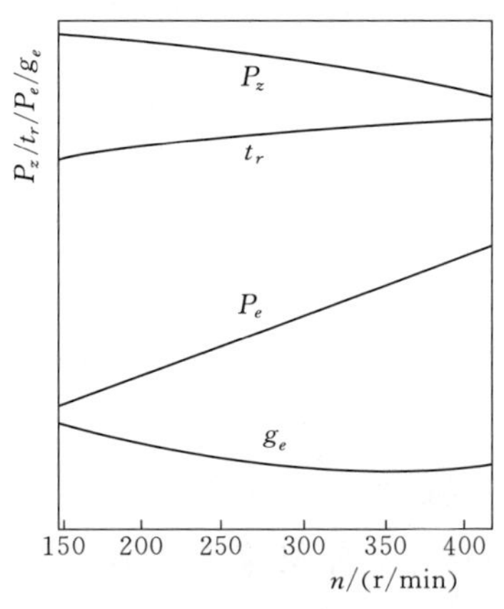

图 6.11 柴油机的速度特性曲线

氨水吸收式制冷系统的能量平衡和㶲平衡方程为

$$\begin{cases} Q+\sum(mh)_{\text{in}}-\sum(mh)_{\text{out}}=0 \\ E_{\text{in}}=\Delta E+E_{\text{out}}+E_I \\ q_E=\text{COP}q_G \\ e_E=\text{ECOP}e_G \end{cases} \tag{6.29}$$

式（6.29）中烟热力系数 ECOP 为余热制冷 Agent 中的目标函数，表征氨水吸收式余热制冷系统的性能。渔船上采用风帆助航和光伏发电将柴油机的排气温度 t_r 降低，而氨水吸收式制冷系统优化中排气温度 t_r 为状态变量；如果考虑余热利用情况下进行用能结构优化时，则可以适当减小主机和副机的额定功率值，即主机、副机的额定功率表示为 $N_e(N_f)=f(\mathrm{ECOP},\ t_r)$。

6.4.4 机舱布置优化和管路布局优化 Agent 子系统之间的协调

通常，在机舱设备位置确定后进行管路布局设计。机舱的设备位置参数 $X=\{(x_1,\ y_1,\ z_1,\ \varphi_1,\ \theta_1,\ \phi_1),\ \cdots,\ (x_p,\ y_p,\ z_p,\ \varphi_p,\ \theta_p,\ \phi_p),\ (x_{p+1},\ y_{p+1},\ z_{p+1}),\ \cdots,\ (x_{p+q},\ y_{p+q},\ z_{p+q})\}$ 既是机舱布置优化 Agent 的设计变量，同时也是管路布局优化 Agent 的参照点和障碍物，需要进行管路路径节点 $\{(v_{x_1},\ v_{y_1},\ v_{z_1}),\ (v_{x_2},\ v_{y_2},\ v_{z_2}),\ \cdots,\ (v_{x_n},\ v_{y_n},\ v_{z_n})\}$ 的约束条件检验，因此机舱设备布置优化和管路布局优化是相互耦合在一起的。

6.4.5 精细化设计和系统布局优化 Agent 子系统之间的协调

渔船动力装置精细化设计属于性能优化方面，与系统布局优化方面关联度比较小；但是作为渔船动力装置优化的子系统，它们之间又有一定的联系。因此，引入满意度函数实现子系统 Agent 之间的妥协和让步，同时采用熵权-层次分析法，确定目标层、中间层以及最底层 Agent 的目标函数值权重，将影响子系统 Agent 目标的变量分组并且分层细化，实现渔船动力装置的精细化设计和系统布局优化之间的协同优化。

为了对某一设计方案达成一致意见，需要解决多个冲突，满足多个约束条件，必须通过协商来交换各自的设计信息和设计目标。设计协商的一个重要原则就是满意原则，即各设计人员根据各自的设计目标对某一设计方案均感到满意时就可以达成协议。

假定目标函数为 $F(x)=\{f_1(x),\ f_2(x),\ \cdots,\ f_m(x)\}\in R^m$，每个子系统 D_i 具有目标向量 $F^i(x)=\{f_1^i(x),\ f_2^i(x),\ \cdots,\ f_{m_i}^i(x)\}\in R^{m_i}$，$x\in X$，$X$ 为设计问题的变量空间，m 为整个系统的目标函数数量，m_i 为子系统 D_i 的目标数量。

假定 $S_i[F(x)]$ 表示整个系统对子系统 D_i 在其目标函数上的满意程度，协调 Agent 负责寻找满意度向量 $S=\{S_1,\ S_2,\ \cdots,\ S_n\}$，使

$$X_i^{S_i} = \{x \in X \mid S_i[f_1^i(x)], S_i[f_2^i(x)], \cdots, S_i[f_{m_i}^i(x)] \geqslant S_i\}, x^S \cap x_i^{S_i} \neq \Phi \tag{6.30}$$

由以上推导可知，多 Agent 协同设计的协商过程就是各子系统做出让步，降低各自目标的满意度水平，扩大设计结果的交集，最终找到各子系统都能接受的设计方案，完成整个系统的设计优化。

6.5 基于多 Agent 的渔船动力装置协同优化算法

6.5.1 多 Agent 协同优化算法

针对多智能体协同优化算法，徐慧等[163] 提出多 Agent 协同处理模型，并对其实现的相关技术进行研究；褚衍杰等[164] 提出了一种面向对象的、基于多智能体协同的多源信息搜索模型；段勇等[165] 研究了一种基于智能体动作预测的多智能体强化学习算法；LOWE、李瑞群等[166-167] 提出了一种基于强化学习的多智能体协同方法。

在多智能体系统中，一个子系统 Agent 采取的动作不仅受到自身环境的影响，还要考虑其他 Agent 对它的影响。每个 Agent 的环境可以用设计变量和状态变量所构成的一组参数来描述，在感知其他 Agent 的环境参数后，自主地应用某种优化算法寻找该子系统的最优设计点，从而采取一步动作，经过整个系统环境的反馈，即多智能体协同评估当前状态和动作并优化下一步动作，最后每个 Agent 更新自身的设计变量和状态变量，从而形成子系统的新环境，取代旧环境。

假设系统划分为 n 个子系统 Agent，子系统 Agent 的设计变量 X 和状态变量 Y 分别表示为：$X=\{x_1, x_2, \cdots, x_n\}$ 和 $Y=\{y_1, y_2, \cdots, y_n\}$，$x_i$ 和 y_i 一般为多维向量且变量之间不会互相重叠。多智能体协同优化的主要步骤为：

(1) 设定系统的初始环境。首先给定每个子系统 Agent 的初始设计点 $X^0=\{x_1^0, x_2^0, \cdots, x_n^0\}$ 和 $S^0=\{s_1^0, s_2^0, \cdots, s_n^0\}$。

(2) 子系统 Agent 自主优化。子系统Agent_i 的最优化问题：

$$\begin{aligned} &\min f_i(x_i) \\ &\text{s.t. } g_u(x_i, s_i, X^0, S^0) \leqslant 0 \quad (u=1, 2, \cdots, m) \\ &h_v(x_i, s_i, X^0, S^0)=0 \quad (v=1, 2, \cdots, p) \end{aligned}$$

(3) 确定新的环境。多智能体协同评估当前状态，得到各子系统 Agent 新的设计点 $X^1=\{x_1^1, x_2^1, \cdots, x_n^1\}$ 和状态变量 $S^1=\{s_1^1, s_2^1, \cdots, s_n^1\}$。

(4) 重复 (2) 和 (3)，直到收敛为止。

6.5.2 渔船动力装置多 Agent 协同优化算法

基于上述多 Agent 协同优化算法，同时采用熵权-层次分析法确定目标函数值的权重，渔船动力装置的低碳优化设计流程如下：

(1) 初始给定主机参数：N_D^0、n_D^0、g_e^0；副机参数：N_f^0、n_f^0、g_{ef}^0；锅炉参数：D_g^0；螺旋桨参数：n_P^0、D_P^0、$(H/D_P)^0$、$(A_E/A_0)^0$；机舱设备位置参数 $\{(x_1, y_1, z_1, \varphi_1, \theta_1, \phi_1)^0, \cdots, (x_p, y_p, z_p, \varphi_p, \theta_p, \phi_p)^0, (x_{p+1}, y_{p+1}, z_{p+1})^0, \cdots, (x_{p+q}, y_{p+q}, z_{p+q})^0\}$ 和管路路径节点 $\{p_1^0, p_2^0, \cdots, p_n^0\}$；风帆参数 S_W^0 和光伏发电系统参数 S_S^0；氨水吸收式余热制冷系统参数：Δt_w^0、Δt_6^0、Δt_2^0、Δt_3^0、Δt_4^0、Δt_8^0、T_e、T_w、T_h^0；动力装置推进型式；船舶阻力功率 P_e；生产营运时间 T_s，等等。

(2) 精细化设计子系统 Agent 优化。

1) 船机桨网匹配子系统优化：$\min 1/\eta_O(n_P, D_P, H/D_P, A_E/A_0)$，状态变量为 S_W^0、N_D^0、n_D^0、推进型式和设计工况，约束条件见第 2 章，基于粒子群的改进遗传算法进行求解，得到变量的优化解：n_P'、D_P'、$(H/D_P)'$、$(A_E/A_0)'$，进而求得 η_o。

2) 余热利用子系统优化：$\min 1/\mathrm{ECOP}(\Delta t_w, \Delta t_6, \Delta t_2, \Delta t_8, \Delta t_4, \Delta t_3)$，状态变量为 T_e、T_w 和 T_h^0，约束条件见第 3 章，基于自适应粒子群/遗传算法进行求解，得到变量的优化解：$\Delta t_w'$、$\Delta t_6'$、$\Delta t_2'$、$\Delta t_8'$、$\Delta t_4'$、$\Delta t_3'$，进而求得制冷量 Q_e。

3) 用能结构子系统优化：$\min E_{\mathrm{GHG}}(N_z, N_f, D_g, S_S, S_W)$，状态变量为 η_O、Q_e、T_S 和 P_e，约束条件见第 1 章，基于遗传算法进行求解，得到变量的优化解：N_D'、N_f'、D_g'、S_S'和 S_W'，进而求得热源温度 T_h'。

4) 基于满意度函数进行子系统 Agent 的协调，得到各子系统新的初始点和状态变量，主机参数：N_D''、n_D''、g_e''；副机参数：N_f''、n_f''、g_{ef}''；锅炉参数 D_g''；螺旋桨参数：n_P''、D_P''、$(H/D_P)''$、$(A_E/A_0)''$；风帆参数 S_W''和光伏发电系统参数 S_S^0；氨水吸收式余热制冷系统参数：$\Delta t_w''$、$\Delta t_6''$、$\Delta t_2''$、$\Delta t_3''$、$\Delta T_4''$、$\Delta T_8''$、T_h''。

5）检查精细化设计子系统 Agent 优化是否收敛，如果收敛，转到（3）；否则转到 1）。

（3）系统布局子系统 Agent 优化。

1）机舱布局子系统优化：$f(X)=w_1\dfrac{f_1(X)}{f_1^0(X)}+w_2\dfrac{f_2(X)}{f_2^0(X)}+w_3\dfrac{f_3(X)}{f_3^0(X)}$，设备位置坐标 $X=\{(x_1,\ y_1,\ z_1,\ \varphi_1,\ \theta_1,\ \phi_1),\ \cdots,\ (x_p,\ y_p,\ z_p,\ \varphi_p,\ \theta_p,\ \phi_p),\ (x_{p+1},\ y_{p+1},\ z_{p+1}),\ \cdots,\ (x_{p+q},\ y_{p+q},\ z_{p+q})\}$，采用人机结合的量子行为粒子群/遗传算法进行求解，得到变量的优化解：$\{(x_1,\ y_1,\ z_1,\ \varphi_1,\ \theta_1,\ \phi_1)',\ \cdots,\ (x_p,\ y_p,\ z_p,\ \varphi_p,\ \theta_p,\ \phi_p)',\ (x_{p+1},\ y_{p+1},\ z_{p+1})',\ \cdots,\ (x_{p+q},\ y_{p+q},\ z_{p+q})'\}$。

2）管路布局子系统优化：$f(P)=\mu\dfrac{J(P)}{J_{\max}}+\lambda\dfrac{W(P)}{W_{\max}}+\eta\dfrac{C(P)}{C_{\max}}$，管路路径的节点坐标 $P=\{(x_1,\ y_1,\ z_1),\ (x_2,\ y_2,\ z_2),\ \cdots,\ (x_n,\ y_n,\ z_n)\}$，采用传统遗传算法并结合管路矩阵进行求解，得到变量的优化解：$\{(x_1,\ y_1,\ z_1)',\ (x_2,\ y_2,\ z_2)',\ \cdots,\ (x_n,\ y_n,\ z_n)'\}$。

3）基于满意度函数进行子系统 Agent 的协调，得到机舱布局优化子系统和管路布局优化子系统新的初始点和状态变量，机舱设备的位置坐标：$\{(x_1,\ y_1,\ z_1,\ \varphi_1,\ \theta_1,\ \phi_1)'',\ \cdots,\ (x_p,\ y_p,\ z_p,\ \varphi_p,\ \theta_p,\ \phi_p)'',\ (x_{p+1},\ y_{p+1},\ z_{p+1})'',\ \cdots,\ (x_{p+q},\ y_{p+q},\ z_{p+q})''\}$；管路路径的节点坐标：$\{(x_1,\ y_1,\ z_1)'',\ (x_2,\ y_2,\ z_2)'',\ \cdots,\ (x_n,\ y_n,\ z_n)''\}$。

4）系统布局子系统 Agent 优化是否收敛，如果收敛，转到（4）；否则转到 1）。

（4）渔船动力装置系统 Agent 优化。

1）基于满意度函数进行子系统 Agent 的协调，初始给定主机参数：N_D^1、n_D^1、g_e^1；副机参数：N_f^1、n_f^1、g_{ef}^1；锅炉参数：D_g^1；螺旋桨参数：n_P^1、D_P^1、$(H/D_P)^1$、$(A_E/A_0)^1$；机舱设备位置参数 $\{(x_1,\ y_1,\ z_1,\ \varphi_1,\ \theta_1,\ \phi_1)^1,\ \cdots,\ (x_p,\ y_p,\ z_p,\ \varphi_p,\ \theta_p,\ \phi_p)^1,\ (x_{p+1},\ y_{p+1},\ z_{p+1})^1,\ \cdots,\ (x_{p+q},\ y_{p+q},\ z_{p+q})^1\}$和管路路径节点 $\{p_1^1,\ p_2^1,\ \cdots,\ p_n^1\}$；风帆参数 S_W^1 和光伏发电系统参数 S_S^1；氨水吸收式余热制冷系统参数：Δt_w^1、Δt_6^1、Δt_2^1、Δt_3^1、Δt_4^1、Δt_8^1、T_h^1。

2）检查渔船动力装置系统 Agent 优化是否收敛，如果收敛，则该解即为最优解；否则转到（2）、（3）、（4）。

参 考 文 献

［1］ 严新平．新能源在船舶上的应用进展及展望［J］．船海工程，2010，39（6）：111－115.

［2］ 任洪莹，黄连忠，孙培廷，等．大型风帆助航船舶综合节能减排潜力分析［J］．大连海事大学学报，2010，36（1）：27－30.

［3］ DRYDEN R. Sail modules for wind assistance. RINA［J］，Royal Institution of Naval Architects－Ship Design and Operation for Environmental Sustainability，2010：39－45.

［4］ 陈锡旸．渔船动力装置［M］．北京：中国农业出版社，1996.

［5］ 张爽，张硕慧，李义良．船舶温室气体减排措施及对我国的影响分析［J］．中国航海，2010，33（3）：69－72.

［6］ MEPC. Interim guidelines on method of calculation of the energy efficiency design index for new ships［J］．1. Circ. 681. 2009.

［7］ 柳卫东，陈兵．新造船能效设计指数及其对船舶设计的影响［J］．船舶工程，2010，32（2）：17－21.

［8］ 蔡薇．船舶大气污染排放量的计算方法［J］．武汉理工大学学报：交通科学与工程版，2004，28（4）：485－487.

［9］ 张祝利，王玮，何雅萍．我国渔船作业过程碳排放的估算［J］．上海海洋大学学报，2010，19（6）：848－852.

［10］ 李碧英，陈实．船舶碳足迹计算［J］．中国船检，2010（10）：48－51.

［11］ 俞业夔．中国碳减排政策的适用性比较研究——碳税与碳交易［J］．生态经济，2014（5）：77－81.

［12］ 顾伟红．国际海运温室气体减排市场机制解析［J］．上海海事大学学报，2013（3）：17－21.

［13］ IPCC. 2006 年 IPPC 温室气体排放清单指南［S］．ISO，2006.

［14］ 万振华，郭艳红，李升才．基于全生命周期的建筑节能措施探讨［J］．嘉应学院学报（自然科学），2009，27（6）：56－59.

［15］ 赵争鸣，刘建政，孙晓瑛．太阳能光伏发电及其应用［M］．北京：科学出版社，2005.

［16］ RADZIEMSKA E. The effect of temperature on the power drop in crystalline silicon solar cells [J]. Renewable Energy, 2003, 28 (1): 1-12.

[17] 孙玉伟.船用太阳能光伏发电系统设计及性能评估 [D]. 武汉：武汉理工大学，2010.

[18] GLYKAS A, PAPAIOANNOU G, PERISSAKIS S. Application and cost - benefit analysis of solar hybrid power installation on merchant marine vessels [J]. Ocean Engineering, 2010, 37: 592-602.

[19] 陈顺怀，冯恩德.风帆助航船帆性能及节能效果的预报方法 [J]. 武汉交通科技大学学报，1996，20 (3)：343-348.

[20] 宋协法，付道军.辅助风帆对船舶航行性能影响的理论研究 [J]. 青岛海洋大学学报，2002，32 (3)：391-396.

[21] 郑崇伟.全球海域风能资源储量分析 [J]. 中外能源，2011，16 (7)：37-41.

[22] 宋军.海上风能资源分布综述 [J]. 中国科技纵横，2015 (5)：5.

[23] 胡以怀，袁春旺.海上航线风能资源的调查与分析 [J]. 中国航海，2018，41 (2)：107-112.

[24] MAYCOCK P. PV market update: global PV production continues to increase [J]. Renewable Energy World, 2005, 8 (4): 86-99.

[25] 王勇，蔡自兴，周育人，等.约束优化进化算法 [J]. 软件学报，2009，20 (1)：11-29.

[26] 玄光南，程润伟.遗传算法与工程优化 [M]. 北京：清华大学出版社，2004.

[27] 张文修，梁怡.遗传算法的数学基础 [M]. 西安：西安交通大学出版社，2003.

[28] 孙建波.船舶柴油主推进装置及其控制系统的建模与仿真研究 [D]. 大连：大连海事大学，2007.

[29] KAMAL Kharroubi. 柴油机船舶推进装置的建模及仿真研究 [D]. 武汉：武汉理工大学，2013.

[30] 吴爽.船舶调距桨推进装置及其控制系统的建模与仿真研究 [D]. 大连：大连海事大学，2006.

[31] ARENDT R. The application of an expert system for simulation investigations in the aided design of ship power systems automation [J]. Expert Systems with Applications, 2004, 27: 493-499.

[32] 谭峰，詹志刚，杨波，等.基于遗传算法的船舶推进系统船、机、桨匹配优化设计 [J]. 武汉理工大学学报（交通科学与工程版），2003，27 (1)：50-52.

[33] REN L, ZHANG W X. Matching Optimization of Ship Engine and Propeller based on PSO-GA Algorithm [J]. Applied Mechanics and Materials, 2011, 121-

126：4503－4507.

［34］ 李二强，唐元元，曹有兵，等．船、机、桨动力耦合可视化系统设计与实现［J］．船舶工程，2021，43（8）：17－22.

［35］ 黄振华，李霏，唐然．船舶不同航行工况下船机桨配合特性分析［J］．船舶标准化工程师，2015，6：24－27.

［36］ 黄瑶瑶．船舶倒车过渡工况仿真分析研究［D］．武汉：武汉理工大学，2013.

［37］ 王宸．船舶非设计工况的机桨匹配研究［D］．哈尔滨：哈尔滨工程大学，2019.

［38］ 詹志刚，喻英．船舶主推进系统机桨匹配设计工况的优化选择［J］．江苏船舶，2000，17（5）：12－14.

［39］ 詹志刚，顾宣炎．可调桨船舶主推进装置运行工况优化研究［J］．船海工程，2001，4：39－43.

［40］ 刘海强，吕林．船舶机桨匹配设计与分析计算平台研究［J］，船海工程，2008，37（3）：56－58.

［41］ 马永杰．船机桨匹配及数值仿真［D］．武汉：华中科技大学，2011.

［42］ 杨龙霞．风帆助航远洋船的翼帆性能及其机桨配合研究［D］．上海：上海交通大学，2013.

［43］ 黄文超，黄温赟，赵新颖．双速比拖网渔船机桨网匹配动态特性研究［J］．机电工程，2018，35（1）：57－61.

［44］ 黄文超，黄温赟．基于 AMESim 的拖网渔船的船机桨网匹配动态特性［J］．系统仿真技术，2019，15（1）：29－34.

［45］ 陈志明．海洋捕捞渔船动力装置节能减排技术研究［D］．广州：华南理工大学，2012.

［46］ 崔哲．基于螺旋桨敞水特性曲线的船机桨匹配研究［D］．哈尔滨：哈尔滨工程大学，2017.

［47］ 严谨，张娟，陈志明，等．基于轴功率测量的渔船动力装置优化配置研究［J］．渔业现代化，2012，39（1）：68－71.

［48］ 刘超，罗薇，张攀．计算机编程实现船机桨匹配系统设计［J］．交通与计算机，2007，1（25）：147－149.

［49］ 贾复．船舶原理与渔船结构［M］．北京：农业出版社，1996.

［50］ 黄锡昌．捕捞学［M］．重庆：重庆出版社，2000.

［51］ 刘奇龙．螺旋桨设计的电子表格计算法［J］．造船技术，2000，4：35－38.

［52］ 陈可越．船舶设计实用手册（总体分册）［M］．北京：中国交通科技出版社，2007.

［53］ 芦厚琛．双速比齿轮箱在船舶使用中的性能分析［J］．福建水产，2004，4：32－35.

[54] 李元科．工程最优化设计［M］．北京：清华大学出版社，2006.

[55] 冯振林．拖网渔船双速比齿轮箱的匹配设计［J］．船舶工程，1995，4：28－47.

[56] KAO Y T，ZAHARA E. A hybrid genetic algorithm and particle swarm optimization for multimodal functions［J］．Applied Soft Computing，2008，8：849－857.

[57] ABD－EI－WAHED W F，MOUSA A A，EI－SHORBAGY M A. Integrating particle swarm optimization with genetic algorithms for solving nonlinear optimization problems［J］．Journal of Computational and Applied Mathematics，2011，235：1446－1453.

[58] RIGBY G，HALLEGRAEFF G，TAYLOR A. Ballast water heating offers a superior treatment option［J］．Journal of Marine Environmental Engineering，2004，7（3）：217－230.

[59] 蔡庆安．利用发动机尾气余热蒸馏淡化海水［J］．节能技术，2007，25（143）：250－252.

[60] 杨茜．热管式海水淡化装置开发与研究［D］．青岛：青岛科技大学，2014.

[61] 裴晓斌．船舶余热低温蒸馏海水淡化装置设计及试验［D］．广州：华南理工大学，2014.

[62] 徐涛，刘晓红．船舶余热海水淡化系统的探讨［J］．广州航海高等专科学校学报，2010，18（2）：1－3.

[63] XU Y，ZHU B K，XU Y. Pilot test of vacuum membrane distillation for seawater desalination on a ship［J］．Desalination，2006，189（1－3）：165－169.

[64] 李成富．30吨船舶海水淡化装置结构与系统设计［D］．大连：大连理工大学，2018.

[65] 王丽伟，吴静怡，王如竹，等．渔船用吸附式制冰系统的模拟仿真以及试验［J］．制冷学报，2003，（3）：42－44.

[66] 王雪章，杨鹃鹏，杨建，等．船用吸附式空调制冷系统可行性设计［J］．大连海事大学学报，2006，32（1）：11－14.

[67] 邹霖庚，郑梓敏，戴岁枝．基于余热驱动的船用吸附制冷-载冷系统的设计研发［J］．中国修船，2019，32（3）：15－20.

[68] 金苏敏，陶玉灵．柴油机废烟气驱动的热管废热溴化锂制冷机运行特性［J］．南京化工大学学报，2001，23（6），23－26.

[69] 林陈敏，陈亚平，田莹．氨水吸收式制冷系统在渔船尾气中余热利用分析［J］．能源研究与利用，2008，7：37－40.

[70] 王维伟，潘新祥，沈波．远洋渔船吸收式制冷应用可行性分析［J］．节能技术．2012，30：397－399.

[71] 孔丁峰，柳建华，张良，等．单级氨水吸收式制冷机试验台性能研究 [J]．流体机械．2010，38（5）：56－62.

[72] 黄兴旺．船舶吸收式制冷系统设计与数值模拟研究 [D]．青岛：中国石油大学（华东），2019.

[73] 梅磊．船舶柴油机新型余热回收利用系统研究 [D]．武汉：武汉理工大学，2011.

[74] 李晓宁，吕唐辉，王铭昊，等．船舶柴油机余热利用系统性能优化 [J]．广东海洋大学学报，2021，41（2）：123－130.

[75] 刘长铖，李文辉，张文平，等．大型船用柴油机余热利用系统性能研究 [J]．浙江大学学报（工学版），2017，51（11）：2259－2264.

[76] 曾维武，王廷勇，赵超．基于 ORC 的船舶主机余热回收方案选择 [J]．船舶工程，2021，43（3）：12－17.

[77] 尉迟斌．实用制冷与空调工程手册 [M]．北京：机械工业出版社，2006.

[78] OUADHA A，El－GOTNI Y. Integration of an ammonia－water absorption refrigeration system with a marine diesel engine：A thermodynamic study [J]. Procedia Computer Science，2013，19：754－761.

[79] SENCAN A. Artificial intelligent methods for thermodynamic evaluation of ammonia－water refrigeration systems [J]. Energy Conversion and Management，2006，47：3319－3332.

[80] 杨思文．氨水吸收式制冷机的基础理论和设计 [J]．流体工程，1991，1：53－58.

[81] 倪锦，顾锦鸿，沈建．渔船氨水吸收式制冷系统的建模和理论运行特性分析 [J]．渔业现代化，2012，39（2）：54－63.

[82] 倪锦，顾锦鸿，沈建，等．船用氨水吸收式制冰系统的仿真及试验研究 [J]．流体机械，2011，39（2）：52－57.

[83] SCHULZ S C G. Equations of state for the system ammonia water for use with computers [J]. Progr. Refrig. Sci. Technol.，Proc. 13th Int. Congr. Refrig，1971，2：231－236.

[84] 马强．基于氨水吸收技术的低品位热能远距离输送研究 [R]．上海：上海交通大学，2009.

[85] 徐士鸣．NH_3/H_2O 溶液热力参数表达式的推导与程序编制 [J]．流体机械．1992，23（2）：55－59.

[86] SUN D W. Thermodynamic design data and optimum design maps for absorption refrigeration systems [J]. Applied Thermal Engineering，1997，17（3）：211－221.

[87] PATEX J. KLOMFAR J. Simple functions of fast calculations of selected thermodynamic properties of the ammonia water system [J]. International Journal of Refrigeration, 1995. 18 (4): 228 - 234.

[88] 郭庆堂．实用制冷工程设计手册 [M]. 北京：中国建筑工业出版社，1995.

[89] 包天舒，郑丹星．氨水吸收式制冷系统的㶲经济分析 [J]. 华北电力大学学报，2005，3：99 - 102.

[90] SHI Y, EBERHART R C. Parameter selection in particle swarm optimization [C] //International Conference on Evolutionary Programming, Heidelberg. Berlin: Springer, 1998: 591 - 600.

[91] 刘建华．粒子群算法的基本理论及其改进研究 [D]. 长沙：中南大学，2009.

[92] 李丹．粒子群优化算法及其应用研究 [D]. 沈阳：东北大学，2007.

[93] 李眩，吴晓兵，童百利．基于动态自适应变参的粒子群优化算法 [J]. 四川轻化工大学学报（自然科学版），2021，34 (5)：41 - 47.

[94] 谢燕丽，许青林，姜文超. 一种基于交叉和变异算子改进的遗传算法研究 [J]. 计算机技术与发展，2014，24 (4)：80 - 83.

[95] AZZOUZ A, ENNIGROU M, BENSAID L. A self - adaptive evolutionary algorithm for solving flexible job shop problem with sequence dependent setup time and learning effects [J]. 2017 IEEE Congress on Evolutionary Computation (CEC), 2017: 1827 - 1834.

[96] DOWSLAND K A, DOWSLAND W B. Packing problems [J]. European Journal of Operational Research, 1992, 56: 2 - 14.

[97] GUENTHER R R. The multiple container packing problem: a genetic algorithm approach with weighted codings [J]. ACM SIGAPP AppIied Computing Review, 1999, 7 (2): 22 - 31.

[98] 曹先彬，刘克胜，王煦法．基于免疫遗传算法的装箱问题求解 [J]. 小型微型计算机系统，2000，21 (4)：361 - 363.

[99] 何大勇，鄂明成，查建中，等．基于空间分解的集装箱布局启发式算法及布局空间利用率规律 [J]. 计算机辅助设计与图形学学报，2000，12 (5)：367 - 370.

[100] SZYKMAN S, CAGAN J. Constrained three dimensional component layout using simulated annealing [J]. ASME Joumal of Mechanical Design, 1997, 119 (1): 28 - 35.

[101] CAGAN J, DEGENTESH D, YIN S. A simulated annealing based algorithm using hierarchical models for general three - dimensional component layout [J]. Computer Aided Design, 1998, 30 (10): 781 - 790.

[102] 王惠娟，王金敏，李乃华．机械产品布局设计的分层递阶求解模型［J］．现代制造工程，2004（2）：111－113.

[103] KAMRAN D，MAZIAR A，HOSSEIN S F. Faragam algorithm in satellite layout［J］．In：Proceedings of 6th Asia－Pacific Conference on Multilateral Cooperation in Space Technology and Application，Beijing，2001，120－127.

[104] PIERRE M G，GEORGES M F. A GA based configuration design optimization Method［J］．Journal of Mechanical Design，2004，126（1）：6－14.

[105] 陈羽，滕弘飞．变粒度协同进化设计算法及其在卫星舱布局设计中应用［J］．大连理工大学学报，2010，50（6）：931－936.

[106] 李广强，霍军周，滕弘飞．并行混合遗传算法及其在布局设计中的应用［J］．计算机工程，2003，29（17）：6－8.

[107] 刘占伟，滕弘飞．基于人智-图形-计算的布局设计方法［J］．大连理工大学学报，2006，46（2）：228－234.

[108] 霍军周，李广强，滕弘飞，等．人机结合蚁群/遗传算法及其在卫星舱布局设计中的应用［J］．机械工程学报，2005，41（3）：112－116.

[109] 冯军．船舶舱室智能虚拟布置设计方法与关键技术研究［D］．武汉：武汉理工大学，2005.

[110] 程宏佳，李楷，林焰，等．基于本体的船舶机舱布置设计方法研究［J］．船舶工程，2015，37（1）：79－82.

[111] 周发模．粒子群算法及其在机舱布置优化的应用研究［D］．武汉：武汉理工大学，2009.

[112] 何旺．船舶机舱智能布置方法研究［D］．上海：上海交通大学，2014.

[113] 刘海姣，李莎．船舶工程中智能优化算法的应用研究［J］．舰船科学技术，2016，38（8A）：10－12.

[114] 姜文英，林焰，陈明，等．基于粒子群和蚁群算法的船舶机舱规划方法［J］．上海大学学报，2014，48（4）：502－507.

[115] 王晨．基于遗传算法的船舶智能布局设计方法研究［D］．大连：大连理工大学，2014.

[116] 陈宁，余建国．基于遗传算法与临境环境的机舱优化仿真［J］．中国造船，2008，49：152－157.

[117] 刁有明，钱自行，韩凌志，等．近海拖网渔船机舱布置实例［J］．大连水产学院学报，2009，24：218－219.

[118] 金娇辉，黎建勋，刘平．小型远洋拖网渔船机舱机构优化设计［J］．船舶工程，2020，42，123－126.

[119] 袁士春，贾复，吴秀俊．渔船的机舱布置［J］．水产科学，2001，20（3）：

33－35.

[120] 丁玉兰．人机工程学［M］．北京：北京理工大学出版社，2017.

[121] 叶聪，徐伟哲，刘帅．人机工效在载人潜水器布局设计中的应用［J］．西北工业大学学报，2021，39（2）：233－240.

[122] 曾毅．基于维修性设计的可达性分析评价技术研究［D］．长沙：国防科学技术大学，2007.

[123] 陈宁，姚寿广，王军，等．船舶机舱三维生产设计中人体工程学的研究［J］．江苏船舶，2004，12（4）：32－37.

[124] 岳岩．基于遗传免疫微粒群算法的工程项目模糊多目标优化研究［D］．天津：天津大学，2011.

[125] QIAN Z Q，TENG H F，XIONG D L，et al. Human－computer cooperation genetic algorithm and its application to layout design［J］．In：Proceeding of the 4th Asia－Pacific Conference on Simulated Evolution and Learning，Singapore，2002：299－302.

[126] 唐晓君，查建中，陆一平．基于虚拟现实的人机结合方法及其在布局中的应用［J］．机械工程学报，2003，39（8）：95－100.

[127] 孙俊．量子行为粒子群优化算法研究［D］．无锡：江南大学，2009.

[128] 赵晶．量子行为粒子群优化算法及其应用中的若干问题研究［D］．无锡：江南大学，2013.

[129] NARAYANAN A，MOORE M. Quantum－inspired genetic algorithm［C］//Proceedings of IEEE International Conference on Evolutionary Computation. Piscataway：IEEE Press，1999：61－66.

[130] 刘波，林焰，吕振望，等．基于量子行为遗传算法的船体局部结构优化设计［J］．船舶力学，2017，21（4）：484－492.

[131] 汪健雄．改进的多目标量子遗传算法及其在旅客列车开行方案中的应用［D］．北京：中国铁道科学研究院，2012.

[132] 上海三昧信息科技有限公司．船舶虚拟制造仿真实训系统详细设计手册［Z］．2016：3－4，10，105.

[133] 梁彦超，徐筱欣．基于 PROE 的船舶机舱三维布置设计研究［J］．船舶工程，2011，33（3）：69－74.

[134] ITO T. A genetic algorithm approach to piping route Path planning［J］．Journal of Intelligent Manufacturing，1999，10（1）：103－114.

[135] 范小宁，林焰，纪卓尚．船舶管路三维布局优化的变长度编码遗传算法［J］．中国造船，2007，48（1）：82－90.

[136] 范小宁，林焰，纪卓尚．多蚁群协进化的船舶多管路并行布局优化［J］．上

海交通大学学报，2009，43（2）：193-197.

［137］ 王运龙，王晨，韩洋，等．船舶管路智能布局优化设计［J］．上海交通大学学报，2015，49（4）：513-518.

［138］ 樊江，马枚，杨晓光．基于协进化的管路系统智能寻径［J］．航空动力学报，2004，19（5）：593-597.

［139］ 白明．船舶管系路径优化算法研究［D］．哈尔滨：哈尔滨工程大学，2010.

［140］ 刘少卿．基于维修性的船舶管路布局优化研究［D］．武汉：武汉理工大学，2010.

［141］ 金利潮，吕庭豪．船舶管路综合布置要点［J］．广船科技．2002，（2）：22-24.

［142］ 蒋春林．基于EEP-LCA的三峡库区船舶绿色度评价体系研究［R］．武汉：武汉理工大学，2007.

［143］ WOOLDRIDGE M J，JENNINGS N R. Intelligent agent：theory and practice［J］. Knowledge Engineering Reviews，1995，10（2）：115-152.

［144］ JENNINGS N R，SYCARA K，WOOLDRIDGE M J. A roadmap of agent research and development［J］. Autonomous Agent and Multi-Agent Systems，1998，1（1）：7-38.

［145］ WOOLDRIDGE M. Agent-based software engineering［J］. IEE Poreeedings：Software，1997，144（1）：26-37.

［146］ WOOLDRIDGE M. An introduction to multi-agent systems［M］. New York：John Wiley and Sons Inc，2002.

［147］ 徐斌．基于Agent的集装箱码头实时调度系统的研究［D］．大连：大连理工大学，2010.

［148］ 卢新来，刘虎，王钢林，等．基于多Agent的机身外形优化模型［J］．南京航空航天大学学报，2007，39（3）：312-316.

［149］ 张鼎华．基于多Agent技术的造纸过程节能优化模型的研究［D］．广州：华南理工大学，2011.

［150］ 刘跃华，蒋伟进，李超良．基于多Agent及多方法集成的复杂工艺优化模型［J］．中南大学学报（自然科学版），2009，40（3）：767-773.

［151］ 赵强，肖人彬．基于多Agent的虚拟企业任务调度模型及优化［J］．控制理论与应用，2009，26（4）：459-462.

［152］ 孔凡国．基于Agent模型的汽车车身多学科设计优化研究［J］．机械设计与研究，2006，22（6）：10-12.

［153］ 廖守亿．复杂系统基于Agent的建模与仿真方法研究与应用［D］．长沙：国防科学技术大学，2005.

[154] 陈水利，李敬功，王向公．模糊集理论及其应用［M］．北京：科学出版社，2005

[155] 包志强，胡啸天，赵媛媛，等．基于熵权法的 Stacking 算法［J］．计算机工程与设计，2019，40（10）：2885－2890.

[156] 汪敏，王丽铮．层次分析法在船型方案选优中的应用［J］．船海工程，2005（4）：42－44.

[157] 桂云苗，朱金福．一种用信息熵确定聚类权重的方法［J］．统计与决策，2005（16）：29－30.

[158] 张天云，陈奎，魏伟，等．BP 神经网络法确定工程材料评价指标的权重［J］．材料导报，2012，26（2）：159－163.

[159] 张明霞，韩丹，赵桐鸣．基于博弈论－TOPSIS 法的船型综合评价方法［J］．应用科技，2020，47（5）：3－19.

[160] 熊霞，陶晓峰，高鲁鑫，等．综合能源一体化采集系统的多任务自适应实时调度方法［J］．电测与仪表，2019，56（20）：108－114.

[161] 冯伟，古纯清，黄连忠，等．风帆助航模式主机功率等参数的计算方法［J］．航海技术，2011，2：64－66.

[162] 古纯清．风帆助航改装船主推进装置性能研究［D］．大连：大连海事大学，2010.

[163] 徐慧，杨永国．多 Agent 协同处理模型的研究与设计［J］．计算机工程，2010，36（5）：67－69.

[164] 褚衍杰，徐正国．基于多智能体协同的多源信息搜索方法［J］．计算机工程，2015（2）：193－198.

[165] 段勇，徐心和．基于多智能体强化学习的多机器人协作策略研究［J］．系统工程理论与实践，2014，34（5）：1305－1310.

[166] LOWE R，WU Y，TAMAR A，et al. Multi－agent actor－critic for mixed cooperative－competitive environments［J］．Annual Conference on Neural Information Processing Systems，2017：6379－6390.

[167] 李瑞群，王若冰，田涛，等．多智能体同时到达多目标点的协同强化学习算法［J］．计算机应用与软件，2021，38（9）：199－204.